暮らしを支える「熱」の科学

ヒートテックやチルド冷蔵、
ヒートパイプを生んだ熱の技術を総まとめ！

生活中密不可分的

热科学

（日）梶川武信（梶川武信）著

王明贤　李连进　译

U0363513

化学工业出版社
·北京·

本书运用漫画图解方式，生动有趣地介绍了人们在日常生活中遇到的热现象和热传递、对流、辐射等科学原理，内容包括：热的基础，奇异的热现象，厨房内的热量利用，人类、动植物与热的关系，制造物品所使用的热能，宇宙与热量。读者通过阅读本书可以了解到生活中存在的有关"热"的知识。本书形式活泼，通俗易懂。

本书可供青少年作为课外读本，也适合对生活中的热现象感兴趣的读者阅读。

KURASHI WO SASAERU"NETSU" NO KAGAKU

Copyright © 2015 Takenobu Kajikawa

All rights reserved.

Original Japanese edition published in 2015 by SB Creative Corp.

This Simplified Chinese edition is published by arrangement with SB Creative Corp., Tokyo in care of Tuttle-Mori Agency, Inc., Tokyo through Beijing Kareka Consultation Center, Beijing.

本书中文简体字版由SB Creative Corp.授权化学工业出版社独家出版发行。

本版本仅限在中国内地（不包括中国台湾地区和香港、澳门特别行政区）销售，不得销往中国以外的其他地区。未经许可，不得以任何方式复制或抄袭本书的任何部分，违者必究。

北京市版权局著作权合同登记号：01-2018-5811

图书在版编目（CIP）数据

生活中密不可分的热科学/（日）梶川武信著；王明贤，李连进译. —北京：化学工业出版社，2018.8
ISBN 978-7-122-32596-9

Ⅰ.①生… Ⅱ.①梶… ②王… ③李… Ⅲ.①热学-青少年读物 Ⅳ.①O551-49

中国版本图书馆CIP数据核字（2018）第149262号

责任编辑：项 潋 王 烨　　　　　　　装帧设计：张 辉
责任校对：王鹏飞

出版发行：化学工业出版社（北京市东城区青年湖南街13号　邮政编码100011）
印　　装：北京东方宝隆印刷有限公司
710mm×1000mm　1/16　印张11¾　字数201千字　2019年6月北京第1版第1次印刷

购书咨询：010-64518888　　　　　　　售后服务：010-64518899
网　　址：http://www.cip.com.cn
凡购买本书，如有缺损质量问题，本社销售中心负责调换。

定　　价：59.80元　　　　　　　　　　　　　　　　版权所有　违者必究

前　言

　　"热"与我们的日常生活息息相关，它与空气、水及重力一样普遍存在于我们的生活之中。

　　当我们的身体感到不舒服时，即使只有1～2℃的微弱体温变化也会令人感到非常痛苦。当气温急剧变化时，人们会及时作出反应，采取相应的防寒保暖或防暑降温措施。烹饪时，如果采取与平时不同的温度，即使是微小的变化，也许都会令人产生不同的味觉体验。

　　人类能够生存下来并创造出文明的关键也是利用了火产生的热能。

　　那么，热到底是什么呢？热是如何产生的呢？它是如何影响物体的形状和运动的呢？它是如何在物体与物体之间传递的呢？

　　本书的主要议题就是与我们日常生活有关的热。内容包括：热的基础，奇异的热现象，厨房内的热量利用，人类、动植物与热的关系，制造物品所使用的热能，宇宙与热量。

　　在日常生活中所发生的各种热现象，仅是反应热的一种性质的情况是很少见的，大多数情况都是各种热的性质的综合作用。希望大家在了解热的基础知识以后，能自己分析遇到的各种热现象都是哪些热的性质的作用结果。

目　　录

第①章
热的基础

从最贴近日常生活的"温度"的定义开始，解释我们生活中遇到的各种热能的作用原理。

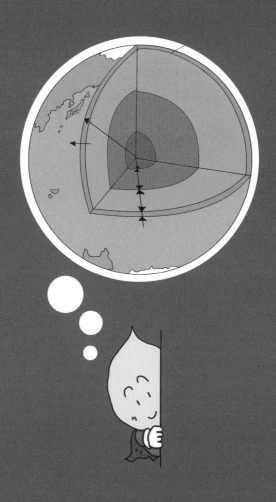

1-01 温度（℃）是如何定义的?

温度是指物体的冷热程度，热的物体温度高，冷的物体温度低。温度因为是世界上通用的物理量，所以需要采用任何人都明白的统一标准来表示。统一标准之一就是摄氏温度（℃）。

冷热程度的衡量标准，是首先规定两个固定温度点的状态，然后再平均分割两点之间的"距离"作为温度单位。就好像，表示长度的单位米（m）是将地球1周的距离定义为$4×10^4$km所得到的一样。摄氏温度的两个固定温度点是根据水的性质与热的性质之间的关系确定的。

摄氏温度的固定温度点之一，是水结成冰（由液体变为固体）的时候。准确地说，0℃定义为：1个标准大气压（1atm，101.325kPa）下，水、冰共存时的冷热程度，即水的**凝固点**（结冰点）。另一个摄氏温度的固定温度点，即水变成水蒸气（液态的水变为气态的水蒸气）的时候。100℃定义为：1个标准大气压下，水和水蒸气共存时的冷热程度，即水的**沸点**。将这两个固定温度点的温度（0℃与100℃）之间平均分成100等份，每一等份也就是一个单位，即1℃。

温度没有规定上限，但是规定了下限。下限是指物质里所具有的能量完全为零的状态。热量为零的这一温度称为**绝对零度**，将绝对零度作为"0"固定点的温标单位就是**热力学温度**（单位为K，开尔文）。绝对零度0K相当于-273.15℃，因为热力学温度单位的温度刻度的宽度与摄氏温度相同，所以热力学温度在数值上等于"273.15"加上摄氏温度。

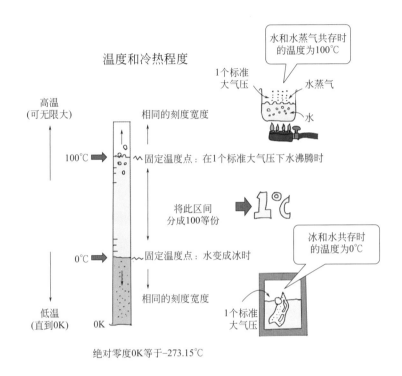

温度和冷热程度

水和水蒸气共存时的温度为100℃

1个标准大气压

水蒸气

水

高温
(可无限大)

相同的刻度宽度

100℃　固定温度点：在1个标准大气压下水沸腾时

将此区间
分成100等份　1℃

冰和水共存时
的温度为0℃

0℃　固定温度点：水变成冰时

相同的刻度宽度

低温
(直到0K)

0K

1个标准
大气压

绝对零度0K等于−273.15℃

用来表示温度数值的标尺是温标。将水的沸点与凝固点之间分100等份后，得到的每一等份规定为1℃。规定绝对温度0K为温度的下限，而没有规定温度的上限。因地动学说而扬名的伽利略认为物质的性质和温度之间的关系可以用数值化的方法表示。

　　关于温度的表示方法，还有华氏温度（℉）。有的温度计上同时刻有摄氏温度与华氏温度两种刻度。不过，华氏温度的表示比较特殊，它是将水的凝固点定义为32 ℉、水的沸点定义为212 ℉，并将两者之间平均分为180份。

1-02 太阳的热量是如何传递到地球的?

太阳的热量是以**电磁波**（也称电波）的形式辐射到地球的。电磁波的辐射不受真空的影响，不会损失能量。电磁波的传播速度与光速相等（约 $3 \times 10^5 km/s$）。

那么，热量是怎样变成电磁波的呢？一切物质都是由分子、原子以及带电的粒子（离子或电子）所构成。分子、原子以及带电的粒子一旦吸收热能，就会各自向四面八方进行不规则的不同速度的运动。带电粒子运动的瞬间，所行之处就会形成电场，而因这个电场的存在又会产生磁场，由磁场又会产生电场。于是，电磁波就会以光速向四面八方辐射。

只要有热能的存在，物质就会持续地产生电磁波。物质根据冷热程度的不同产生不同波长的电磁波。这种因热引起的电磁波辐射称为**热辐射**，也称为**辐射传热**。

太阳中心部分温度高达 $1.5 \times 10^7 K$，其表面光球的温度为 $6000 \sim 8000K$，太阳是超高温的热能块，因此，太阳以光速向四周各方向都辐射紫外线、可见光以及红外线等形式的电磁波。其中的一部分电磁波辐射到地球。电磁波碰触到物体后，一部分会被反射或透射，剩余的部分则被吸收变成热能。根据这一原理，地球从太阳那里接收辐射能从而使大气与地面升温。

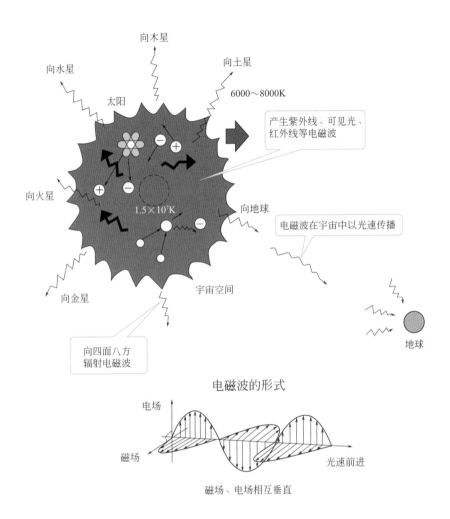

电磁波的形式

磁场、电场相互垂直

　　高温的太阳的热量以电磁波的形式，在真空的宇宙空间中以光速传递能量，直到传递到地球。只是，由于太阳与地球相隔约$1.5×10^8$km，即使电磁波以光速传递，到达地球也需要8min左右，因此，我们感受到的实际是8min前的太阳热量。

1-03 北极和南极为什么会寒冷?

地球的气候是由太阳能决定的。北极与南极之所以寒冷是因为**极地接收的太阳能比较少**。

为什么极地接收的太阳能较少呢?因为太阳能是从遥远的$1.5×10^8km$远处辐射过来的,到达地球时几乎是平行直射的,如果接收能量的平面与太阳光垂直的话,则接收的能量可达到100%。因此,赤道附近能够接收到100%的能量。

不过,从赤道向极地的纬度越来越高,由于接收能量的平面逐渐倾斜,于是接收到的能量就会越来越少。在地球表面与太阳光辐射近似于平行的地方,大部分的太阳光不能辐射到地球表面,所以地球表面只能接收到极其微弱的能量。进而,由于地球的形状接近于椭球体,当其自转运动时,在北极与南极的上述现象(与太阳光辐射近似于平行)就非常显著,理论上来说在极点处可接收到的能量为零。但是,由于地球的自转轴有23.4°的倾斜角度,使极地与极点有些分离,因此,极地还是可以接收到微少的太阳能。

在距离地球表面50km的大气层外围,平均$1m^2$能够接收到的太阳能约为1.37kW。但是,太阳光进入地球大气层的时候,由于一部分被大气层反射,传递到地球表面能够被直接接收的太阳能大约为$1kW/m^2$。由此可见,若是计算在地球纬度80°(极地)的倾斜角度下能够接收到多少太阳能的话,得出的结果是到达地球表面能够接收的能量只有原来的1/6。

在极地,因为太阳光通过的大气层厚度也增加,在此被大气层吸收的能量增加,传递到地球表面能够被接收的太阳能就会更少了。

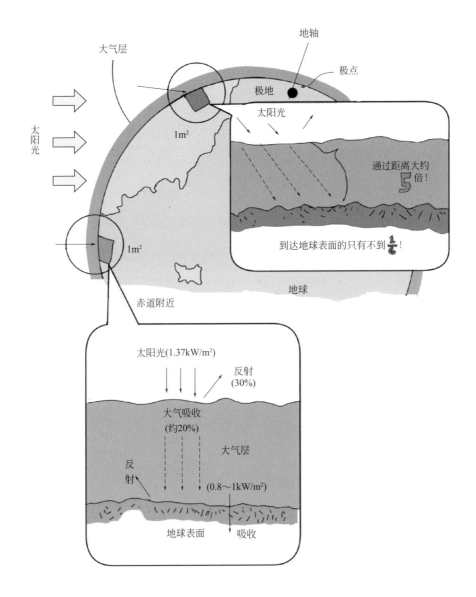

　　本图解释了平均1m² 大约能够接收到1.37kW的太阳能直接辐射到地球的递减过程。太阳辐射通过大气层时，大约30%的太阳辐射被反射回宇宙，又被大气吸收一部分，实际到达地球表面的太阳辐射只有0.8 ~ 1kW/m²。在极地，由于是以倾斜面来接收太阳辐射，致使太阳辐射通过大气层的路程增加了大约5倍，地球表面能够接收的太阳能平均1m² 大约减少到原有的1/6以下，因此，极地的地球表面温度较低，海水结冰，气候变得寒冷起来。

1-04 地球的热量是如何产生的?

地球是平均半径约为6370km的近似球体，赤道的周长约4×10^4km。从地球表面到地球内部5～60km厚度的地球层称为**地壳**。在地壳内部，放射性元素如铀、钍、钾（放射性同位素）的原子核由于不稳定会自行发生裂变，且会分裂成其他物质，此时发生的核裂变热约为11×10^{12}W。

位于地壳下面厚度为2830～2885km的地球层叫地幔，由**上地幔、过渡层、下地幔**组成。地幔主要是由铁、镁以及硅酸盐类矿物质构成的岩石层。地幔也与地壳一样，会发生**核裂变**，并能够产生约为10×10^{12}W的热量。虽然地幔是由固体的岩石构成，但以数万年为单位来看，其位置在变化，呈现了流体的运动状态。从下地幔的底部延伸到深度为2210km的**外核**。由于有铁、镍、铜等重金属下降到半径为1270km的地球核心部位的**内核**，所以重金属在下降的过程中会产生约23.2×10^{12}W的**摩擦热**。综合推测：内核受到的压力可高达约364万个大气压；内核是由固态的铁合金构成。

累计上述热量，可知在地球的内部就储存了大约44.2×10^{12}W（也有说法是35×10^{12}W）的热量。通常状态下，可以说仅从地球内部就可以辐射到宇宙空间如此多的热量。

地球从诞生开始到现在经过了45.5亿年左右，在地球诞生时，占了全部铀的20%的铀235的半衰期为7.07亿年，它核裂变产生的热量保证了地球所需的热量。现在，占放射性同位素核裂变产生的热量中25%的是铀238，它的半衰期实际是44.7亿年，而钍232的半衰期为140亿年，这与宇宙的年龄相当了，因此，从这一点来看，相信地球变冷是不会发生的。

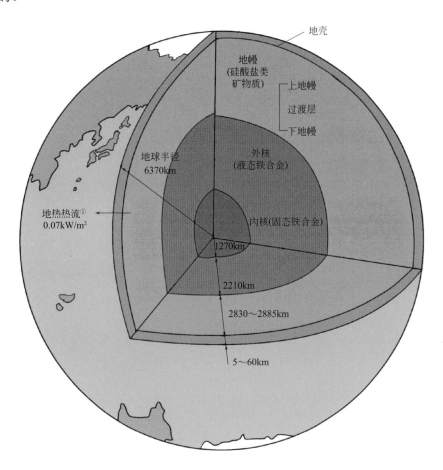

约45.5亿年前，地球作为铁、镍合金、硅酸岩以及金属氧化物的化合物形成的陨石群（微行星）的集合体而诞生，从称为"岩浆之海"的初期开始，经过1亿年的缓慢冷却，重金属化合物陆陆续续向中心下降汇集，逐渐分成了不同的同心圈层。

① 热流：热量从高温向低温的流动。

　　温泉是由地球的地壳与地热的运动而产生的，它是具有多重功效的高温无氧水。能够成为温泉水的，在靠近火山的地方多是雨水，在没有火山的地方则是海水。但是，要满足以下条件，才能被认定为温泉水：从地下自然涌出的温度在25℃以上；或其水质中含有一定量的规定的6种成分中的任意一种（日本温泉的定义）。

　　在日本最多的就是火山附近的温泉水，它是降落到地面的雨水长期向地下渗透，并再次自然涌出到地表后形成的。雨水从细小的石缝间、岩石的裂缝处或者沿着地壳变动形成的断层与岩石的裂缝处渗透到地壳深处，其深度可达1000m到数千米，积存在海绵状的岩石层中。

　　在数千米到数十千米深度处蓄积着800～1200℃的岩浆池，这些岩浆的热量将加热岩石，在数万个大气压的压力下将雨水转变成250℃左右的无氧热水。加温后的热水变轻，在浮力的作用下循裂缝上升涌出地面，形成温泉。由于这类温泉的源头就是雨水，所以温泉枯竭这种事不会发生。

　　没有火山的地方的温泉，则是由遥远的过去被封闭在地底深处的**含水岩层**，在地底热量的作用下所形成的。地球的体温称为**地温**，在地球中心部热量的作用下，从地表每下降100m，其温度就会上升3℃左右（在东京上升2.3℃）。另外，如果发生像**海洋板块**漂移那样的大规模地壳变动的话，地下海水就会脱氧而直接形成高温的温泉水。日本兵库县的有马温泉就是这种情况。

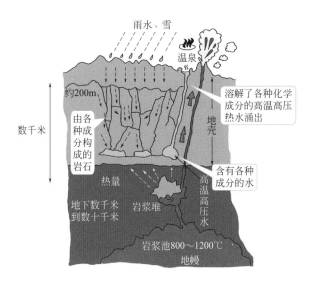

雨水从地面向地下渗透，通过地壳岩石的裂缝，从构成火山的岩浆那里得到热量，在高压力作用下成了高温的无氧热水。高温的无氧热水在浮力的作用下向地表上升，形成了温泉。

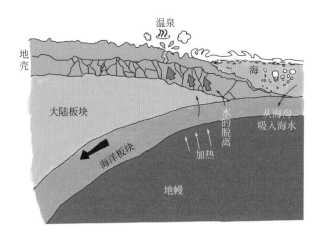

在没有火山的地方，在海洋板块的移动下被地壳吸入的海水形成含水岩层，由于化学反应或周围热量的作用使这部分海水成为高压高温的无氧热水。这个高压高温无氧水在浮力的作用下沿着附近的裂缝或断层上升，以温泉的形式涌出地面。

1-06 大气的热量与雷的关系

大气的热量可以产生1×10^9V的雷电！**高气压**与**低气压**的气压差异是引起大气运动的原因。由于暖空气比冷空气轻，温度不同的空气相遇时，暖空气必然向上运动，形成上升气流。在能形成雷电的积乱云层中，气流上升速度达10m/s。空气膨胀后，温度下降，从-20℃降到-40℃左右。

于是，在上升的气流中产生了直径为0.01mm的微细的小冰粒，即表明有云生成。当这些微粒聚集到100万个左右时，就会变成直径1mm的冰粒。聚集后的冰粒在重力的作用下开始坠落，中途变为雨或是雪。

空气是不导电的绝缘体。还有，纯净的水也是不导电的绝缘体。由于绝缘体不导电，在细小的冰粒表面，有着容易积蓄正电荷或是负电荷的特性。在1cm厚度的空气间，施加3×10^4V以上电压的话，就会破坏绝缘，导致电流通过。这种现象在云层中或是云层与地面间发生的话，就形成了雷。

这种高电压是由云层中上升的气流与冰粒的运动形成的。在云层中，一方面细小的冰粒上升，另一方面，聚集成为大冰粒坠落。当这两个运动擦肩相遇时，两个绝缘体间相互摩擦，由此摩擦产生的电荷可分为正电荷和负电荷。这就是静电（**摩擦生电**）。上升的细小冰粒表面带有正电荷，坠落的大冰粒的表面带有负电荷。这样一来，在积乱云层中就形成了正电荷和负电荷分别累积的状态。据说这一电压可达1×10^9V。带有负电荷的云层接近地表后，地表就会聚集正电荷，于是，具有尖锐前端的金属或是树木等高处，容易发生雷击现象。

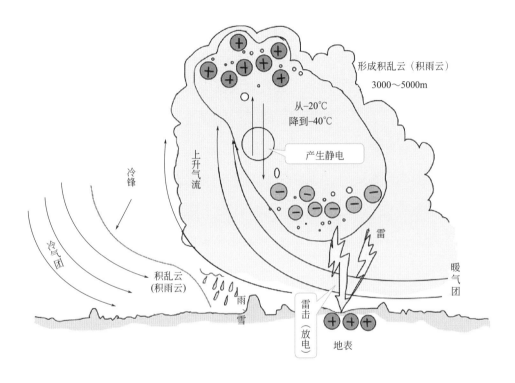

形成积乱云（积雨云）
3000～5000m

从-20℃
降到-40℃

产生静电

冷锋

上升气流

冷气团

积乱云
（积雨云）

雨雪

雷

暖气团

雷击
（放电）

地表

　　被太阳或者海洋温暖后的空气形成的暖气流成为上升气流，产生的细小冰粒能上升到距地表3000～5000m的高度。冰粒逐渐聚集成为大冰粒后开始坠落，在与上升气流相遇摩擦时产生静电。在积乱云层中被分离成上部带有正电荷、下部带有负电荷。这就是雷电的源头。电荷在云层中与附近云层的电压相累加，就会产生强烈的闪电并伴随巨大的雷鸣。如果地表上的正电荷被诱导的话，带有负电荷的云层就会向着地面的正电荷直奔落下，这就是雷击现象。据说，在日本雷击现象最多的地方是在石川县金泽市。

1-07 在富士山的山顶能煮熟饭吗?

在富士山的山顶,气温比地面低24℃以上,而且山顶的大气压只有地面的63%左右。因此,用普通的方法在富士山的山顶无法煮熟米饭。

众所周知,海拔高度为3776 m的富士山是日本的最高峰。在地面上空11km的范围内,每升高100 m,大气温度就会降低0.65℃,因此,富士山山顶与地面有24.5℃左右的温差。于是,即使在夏天地面温度为30℃时,富士山山顶的温度也只有约5℃。

地球上的大气压是作用于所有物体上的每1cm²面积上的空气的重量。在地面其重量可达1.03kgf(1kgf=9.80665N)。海拔越高,空气的重量随高度的增加而减小,1cm²面积上所承受的空气重量减小,也就是说,气压会发生变化。所以,在海拔高度3776m的富士山山顶,大气压只有0.63个标准大气压左右,因此,在富士山上要注意预防头痛或眩晕等高山病(高原反应)的发生。

众所周知,水沸腾的温度(沸点)是100℃,但不要忘记这是在1个标准大气压的压力条件下成立的。水沸腾的温度是随压力的变化而变化的。沸点随压力的变化而变化,虽然是在所有物质中通用的,但变化的大小和程度会因物质的不同而有所不同。

因为富士山山顶的压力只有0.63个标准大气压,所以水的沸点会下降到88.6℃。依据经验将大米变为美味的米饭,需要温度在98℃以上并持续一定时间。所以,水在88.6℃沸腾的话,就不能提高米饭的温度,也就不能煮出美味可口的米饭。想要在富士山的山顶煮出美味可口的米饭,需要使用能产生1个标准大气压以上压力的压力电饭锅。

世界海拔最高峰——喜马拉雅山脉的珠穆朗玛峰的海拔是8848m，气温比地表低大约57℃，大气压仅有0.31个标准大气压。其环境的严酷是能够想象得到的。

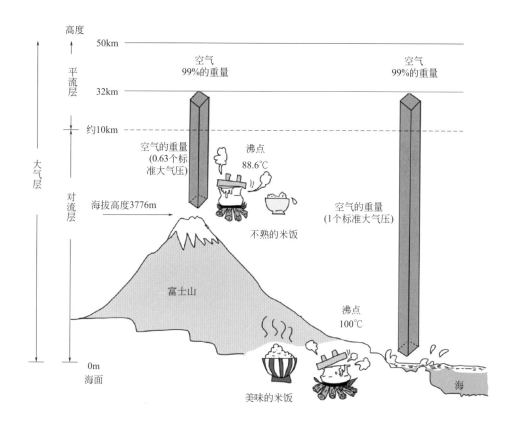

从海拔0m开始到平流层的前端，空气的压力都是1个标准大气压。在海拔32km处空气重量变为原重量的99%，以此处的高度作为基准，富士山山顶的气压就只有0.63个标准大气压。煮熟米饭需要的温度是98℃以上，由于在富士山山顶，水在88.6℃就沸腾了，所以用普通的方法不能煮出美味可口的米饭。

温室效应是指从地球表面释放出的热量被大气中的二氧化碳（CO_2）或水蒸气等吸收，并将热量封闭在其中。这可以说，地球是穿上了温室效应这个高性能衬衫的星球。

从太阳向地球辐射电磁波，这些紫外线、可见光、红外线等电磁波具有不同的波长。地球地表附近大气成分（体积分数）：氮气含量为78.08%、氧气含量为20.94%、氩气含量为0.93%、二氧化碳含量为0.038%，以及其他的微量气体与水蒸气。从太阳辐射来的能量中，有害的紫外线等高能量的电磁波在大气层的外围（称为平流层，高度为10 ~ 50km）分解氧气而生成臭氧，这种臭氧进一步吸收紫外线转换成热量。正是因为地球被这一臭氧的保护网（臭氧层）所包围，所以地球才会成为生物能安全生长的星球。

太阳能中的可见光与红外线仅有小部分会被大气吸收，而其余大部分会辐射到地表。进而，在地球上所使用的所有能量最终都会变为热量，空气中的CO_2气体或水蒸气等会吸收一部分热量，剩余的热量将被释放到宇宙空间。这一能量的平衡构建了我们生存的环境。

经推测，如果地球上没有大气和海洋，地表平均温度就只有-20 ~ -19℃，但是在大气吸收地球释放的部分能量的温室效应作用下，地表平均温度达到14 ~ 15℃。这种微妙的平衡维持了我们的生活环境。但是，因为人口增加等原因，人类使用的能量总量在不断增加。在近100年间，燃料燃烧所产生的CO_2气体的量急剧增加，促使温室效应加大。在这样的状态下，人们担心地球大气层的热平衡会被破坏，这就是**全球气候变暖问题**。为解决全球气候变暖问题，最重要的是避免能源的浪费。

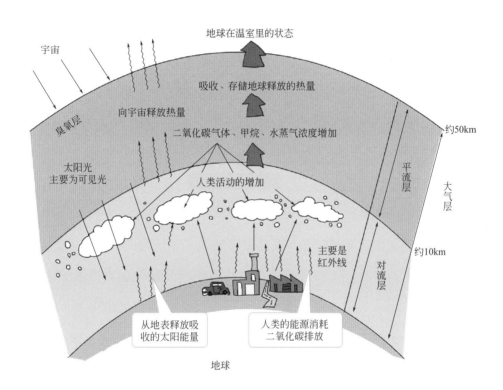

除了太阳光的热量外，地球上的热量还有生产活动中的石油、煤炭及天然气等燃烧而产生的热量。由于燃料是碳元素和氢元素的化合物，燃料燃烧必然会产生二氧化碳、水蒸气等。人们认为这些能产生温室效应的气体浓度的上升，必然会影响地球的热平衡，这是引发气候变化的原因。

1-09 热岛效应是如何发生的?

在众多人类居住的城市、工厂或高层建筑物多的地方,一年当中的气温都比其周围地区的气温高,就像使用中的加热器一样,这一现象称为**热岛效应**。它与周围地区有2 ~ 3℃的温度差。这一温度差影响了城市周边的气象,导致夏天中暑现象的增加、夜间不舒适指数的上升。因为使用空调(冷气)使电力消耗也增加。虽然冬天会形成暖冬,暖气费用减少,但气候会变得异常。

发生热岛效应的原因有以下三个:地面的利用方式、建筑物的表面以及工业和生活中产生的废热。

柏油路或混凝土道路会吸收并存储热量。电磁波如同海浪一样以凹凸的形状重复传递。从波峰到下一个波峰(或从波谷到下一个波谷)之间的水平距离称为**波长**。

建筑物也是由混凝土构成,因其分布密集,使风力的作用减小,于是,地表附近容易积存热空气。另外,建筑物与道路相同,也具有吸收并存储热量的功能。

在街道上行驶的汽车所排出的热量、工厂排放的废热、空调(冷气)等办公楼或家庭排出的废热等,虽然对热岛效应的影响相对较小,但也不能忽视。

因为与周围有3℃的温度差,因此,在湿度为50%的空气中,在$1m^2$的面积上每$1m$厚就可生成约$13gf$($1gf=9.80665\times10^{-3}N$)的浮力,从而在城市中产生热空气的上升气流。于是城市上空的空气发生紊乱,成为气象不稳的导火线。

　　为了减少热岛效应，需要在城镇绿化、建筑物表面设计以及减少废热的新技术等方面下工夫。

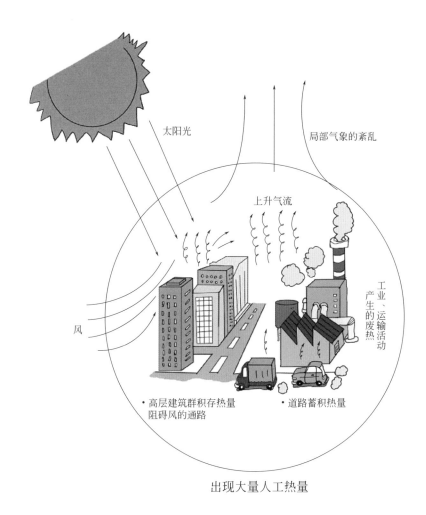

太阳光

局部气象的紊乱

上升气流

工业、运输活动产生的废热

风

・高层建筑群积存热量
　阻碍风的通路

・道路蓄积热量

出现大量人工热量

　　太阳光作为热能被道路和建筑物吸收并存储，所以夜间也能保持高的温度。大多数高层建筑遮挡风，扰乱空气流动，工厂、汽车及空调排出热量，被加热的空气变轻上升，成为导致局部气象紊乱的原因。这样的城市犹如一个温暖的岛屿（热岛效应）。

1-10 海风是如何形成的?

从海洋吹过来的清爽海风是由于海洋和陆地储存的热量（热容量）不同形成的。

日本被海洋所包围，享受着很多海洋的馈赠，海风也可以说是其中之一。在临近大海的地方，即使是炎热的盛夏，从海面上吹过来的清爽凉风，也会使气温变得温和平稳。

虽然太阳同时向陆地和海洋辐射相同的能量，但是由于陆地和海洋的构成物质不同，陆地是由土壤、森林及混凝土构成的，海洋是由水构成的。因物质种类的不同其吸收热量的量也不同，这就是热容量大小的差别。热容量是由1kg的物质升高1℃时需要吸收的能量大小（称为**比热容**）和重量所决定。土壤和混凝土所组成的陆地与由海水组成的海洋相比，其热容量比大约为1:3，这就是说因为陆地的热容量比海洋小，所以陆地容易升温又容易降温。

盛夏时，道路路面的温度可达50℃以上，道路上空的空气温度也有40℃以上，形成高温环境。被加热的空气变轻而上升，在上空被冷却而形成低气压，于是，从海面上刮起的清爽凉风吹向陆地，使其周围变得凉爽，这就是海风。清爽凉风持续到没有气压差时，就会突然消失，这时可称为风平浪静。夜里，陆地降温比海洋快，海面上的空气上升，在海洋上形成低气压，于是，从陆地上向着海面刮起凉风，这个风称为陆风。两者相比，海风比陆风的强度更大，会使人感觉更凉爽些。

在山上和谷地之间也有山风和谷风。白天，太阳对山的照射强度比谷地大，山上的空气会变轻，从山谷向着山上吹起谷风。相反，夜间山上的气温降得快，从山上向着山谷间的方向吹起山风。位于大陆和海洋间的日本，夏天和冬天刮起的季节风与海风和陆风的形成原理相同。

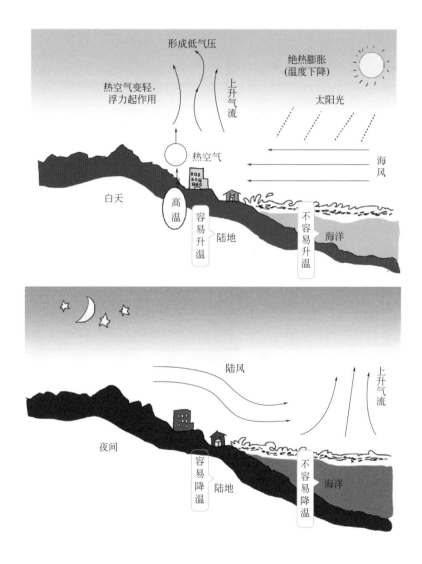

由于水的热容量大，它不容易升温也不容易降温。相反，陆地主要以土壤为主，具有容易升温又容易降温的性质，这就是海风和陆风形成的原理。过去聪明的人之所以在房子的南侧配置水池，就是利用海风的原理，在欣赏景致的同时，使庭院内刮起清爽的凉风，可以舒适地度过炎热的盛夏。

1-11 深海的海水温度是多少摄氏度?

深海的海水温度，总是保持在1～2℃。但是，在日本海，到达水深300m时海水温度变成了0.8℃左右，称为**日本海特有的水**。

海水的温度因季节和位置的变化而有所不同，海面表层附近的温度为20～28℃。海水温度随深度的增加而递减，水温在水深100m左右时会急剧下降。因为温度急剧变化，称为**温度跃层**。

穿过温度跃层进入更深的地方，水温又较平稳地下降，超过1000m后，海水温度为4～7℃，称为**深层水**。太平洋侧的海水受到黑潮（日本暖流）的影响，水温下降较平稳。水深4000m以下的海水称为**底层水**。

由于地球上的所有海水都是相连在一起的，形成了整个地球的立体大循环。海水降温后变重并开始下沉。从整个地球的角度来说，深层水在两处形成，一处是北大西洋的格陵兰海域，另一处是南极海（威德尔海）。在南极海形成的深层水与北大西洋形成的深层水在大西洋的非洲南部海域汇合后，沿着海底的地形通过夏威夷海域北上直到北太平洋。其速度低于1cm/s。在这期间，深层水被地热加温和因与周围的海水混合而升温，随之变轻而向海平面慢慢上升。之后，在太阳热量的作用下，边升温边向南漂流，在赤道附近进一步加热升温而成为暖流。像这样，海水经过1000～2000年的时间，形成了立体的循环系统。

由于海洋生物的尸骨等有机物在微生物的作用下分解并沉到深海，所以深层水与海面附近相比含有数十倍浓度的营养元素。在陆地上，植物的营养元素是氮、磷、钾等，在海洋中替代钾的主要成分是大量硅元素，其营养元素主要有氮、磷、硅和矿物质等。由于在深层水中存在的有机物较少，为此，深层水是最干净的海水。

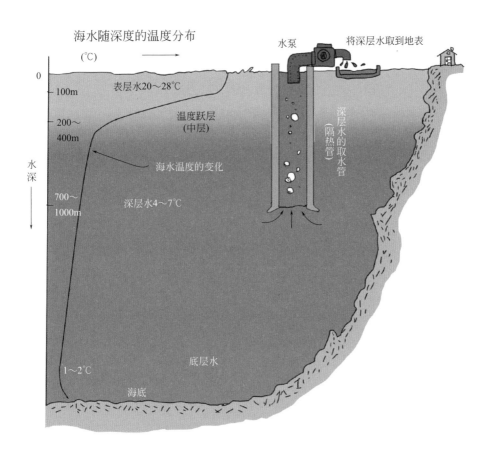

海水的温度在深度100m之内基本上保持在同一温度，水深超过100m之后，温度随着深度的增加而急剧下降，之后温度直到海底都是平稳递减，最终温度为1～2℃。想要得到深层的海水，需要在水深400～700m的地方放置两端均开口的管子。用水泵汲取管子中的海水，开始得到的水是与周围海水相同的水，但渐渐地变为深层水。若使用具有隔热功能的管子的话，就可以保证汲取的海水温度与深层水的水温相同。这些水除了可用于水产养殖之外，也可用于制冷、发电等。

1-12 化石燃料具体是什么？

化石燃料是指在人类诞生之前，地球借助太阳之力创造出来的以碳和氢的化合物形式存在的能源。由于它们点火后可以持续燃烧，因此可以作为燃料使用。化石燃料包括煤炭、石油及天然气等。煤炭、石油及天然气统称为传统型的化石燃料，它与最近作为化石燃料开始使用的页岩油和页岩气是有区别的。

能源资源是指存在于自然界并可直接利用的能源，称为**一次能源**。电和氢气等经人工制造出的能源资源，称为**二次能源**。

煤炭是大约3亿年前，大量蕨类植物等的树木枯干，聚集在湖泊或沼泽等地的水底长期堆积而成的腐殖质，由于地壳的变动经过高温高压环境而炭化生成的化石矿物。根据煤炭的炭化程度可以分为：分解不充分的泥炭、煤化程度低的褐煤（柴煤）、含碳量为83%～90%的烟煤以及含碳量在90%以上燃烧时烟和气味都极少的无烟煤。1kg的无烟煤含有大约27300kJ的能量。

生物沉积变石油这一有力的说法被人们所接受。石油是大约1.9亿年前，海洋或湖泊中的浮游生物或藻类的尸骨残骸堆积，经过与煤炭相同的过程，在高温高压的环境下，由这些有机物中生成的各种**高分子化合物**（含有碳、氢、氮的化合物，链状或网状结构）。如果这个有机物是由碳元素与氢元素相结合的话，就会生成单纯的甲烷（CH_4），这就是天然气。

在常压下，石油按蒸馏时沸点的高低顺序进行分类；也可按化学制品、汽油以及发电用等用途进行分类。1L的石油具有约38000kJ（原油的相对密度为 0.85）的能量，$1m^3$ 的天然气具有约 41000kJ（$1m^3$ 甲烷的质量为 0.717kg）的能量。

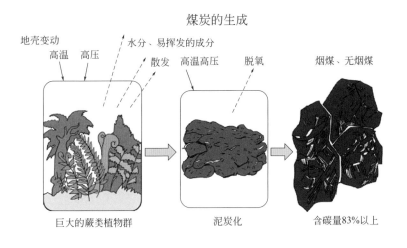

大量的树木堆集在一起，并在高温高压的环境下被分解，最初是被泥炭化，其中的一部分直接残留在地表，其他部分因地壳的变动被封闭在高温高压的环境中，变成的炭块就是煤炭。另一方面，藻类或浮游生物等堆积在海底，在地壳变动的高温高压环境下呈现出泥质岩状态，在此处密度小的油性成分集合而成石油，气体可燃成分集合而成天然气。

1-13 核能源具体是什么？

用中子撞击铀（U）等重原子，使其原子核裂变，从而产生能量，这个能量就是由**核裂变反应**生成的核能。另外，氢（H）等较轻的原子对撞相融，聚变成氦等原子，此时也有能量产生，这个能量就是由**核聚变反应**生成的核能。再者，不稳定的重原子能够自发地衰变而向稳定的原子方向发展，这时释放出来的能量称为**核衰变热**。

核能是能够立刻转换为热能的，从原子核发射出的放射线（α粒子：带电荷的氦原子；β粒子：带有电子或正电子；γ射线：在X射线波长范围内的电磁波）被别的物质吸收后，马上就能转换为热能。

我们以铀235为例来说明核裂变反应，铀235（质量数235，原子序数92）被中子撞击后，分裂成为锶（Sr）和氙（Xe）及两个中子，而且一个中子生成两个中子，于是中子数由1向着2、4、8······几何递增，核裂变反应形成的连锁反应急剧扩大。在这一反应中，1g铀235能得到8.1×10^{10}J（相当于大约3t煤炭燃烧产生的热量）的巨大能量。

在核聚变反应中，由4个氢的原子核（质子）聚变成一个氦原子核，并有质子被释放。被释放的质子瞬间与电子相结合而消失，在消失过程中产生热能。1g的氢原子能够产生0.678×10^{12}J的热能。

核反应产生的放射性同位素是不稳定的，它们能够相继自发地衰变为其他元素。虽然这时的核衰变产生的热能并不大，但衰减过程能长期地持续进行。例如，1kg左右的钚238能够持续放出大约567W的热量。放射性元素原子核有半数发生衰变所需要的时间称为**半衰期**，钚238的半衰期为87.7年。半衰期的长短因原子核的种类而有所不同。

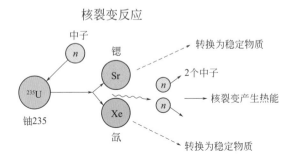

核裂变反应

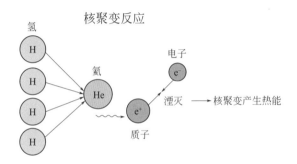

核聚变反应

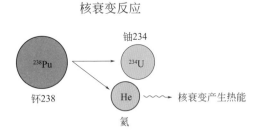

核衰变反应

核能是通过原子的裂变与聚变的反应而释放的能量。此时，粒子在反应的前后会发生质量的变化，称为质量亏损。这种质量的微量缺失转化成为能量。爱因斯坦发现了质量可转化为能量，并证明了缺失的质量与获得的能量相等。

1-14 可再生的"热"能，能用吗？

可再生能源也称为自然能源，只要地球存在，就有取之不尽、用之不竭的能源。即使没有人为行动的参与，它们也会在自然界循环再生。具体来说，可再生能源包括太阳能、地热能、风能、海洋能等。

海洋能是多种能量的统称，它包括波浪能、潮水涨落引起的潮汐能、海流能和潮流能、利用了海洋表层和深层之间温度差的温差能、利用了河水与海洋水之间盐分差的盐差能，有时也包括利用了光合作用等的生物能。

在可再生能源中，具有热能特性的是太阳能、地热能、温差能。太阳能的利用有光热转换和光电转换。太阳能是光能的一种，被广泛应用的太阳能电池就是利用了太阳能的光电转换特性。利用太阳能的光热特性的可能性也是充分的。太阳的表面温度大约有6000K，在日本，$1m^2$ 的地表最大可接收到1kW来自太阳的能量。虽然能量密度较低，但因为获得的能量与面积成比例增加，所以只要将太阳能电池的受光面积加大，就能够得到相适应的规模。在地热能的利用方面，因为技术水平还达不到直接利用 800～1200℃的岩浆池，所以其利用区域受到限制，目前可以利用的只有最高温度为200～230℃的水蒸气。温泉也是利用了温度较低的地热能。在温差能方面，虽然能利用的温度差仅有20℃左右，但因为海水量大，整体上来说是一个庞大的能源系统。

可再生能源是与自然环境共存的，具有单位面积和单位体积能量小、强度大小容易变化的特征，在可利用区域受到了一定程度的限制，且受到太阳能在夜间为零的制约。

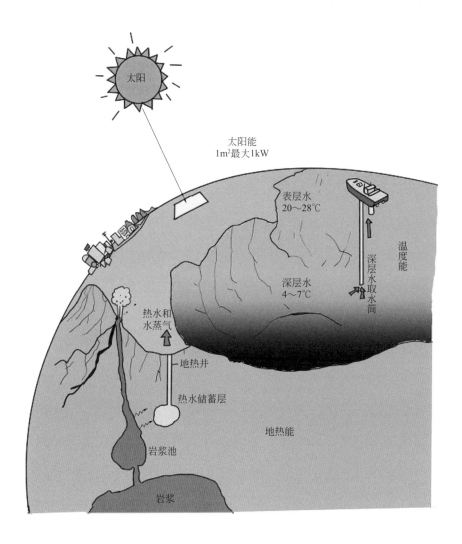

太阳

太阳能
1m²最大1kW

表层水
20～28℃

深层水取水筒

温度能

深层水
4～7℃

热水和
水蒸气

地热井

热水储蓄层

地热能

岩浆池

岩浆

1m²的地表接收的太阳能最大可达1kW，但晴天时从日出到日落，地表接收的平均值也就是160W。地热能是利用火山地带的岩浆的热量产生的热水形式储蓄的能量。利用温度差的热量，需要用隔热管将深层水提取到海平面。

1-15　为什么热量在铁中传递比在玻璃中更快呢？

　　铁、铜和银等金属与玻璃或木材等绝缘物相比，热量传递的方式有很大的差别。金属是电的**导体**。由于其内部具有大量的可自由灵活移动的电子，大部分的热量是通过电子传递的。玻璃和木材是**绝缘体**，没有像金属那样的灵活移动的电子来传递热量。它们是由硅的氧化物和含有碳、氢、氮等的有机物构成，分子之间以格子状或立体网状的结构相结合。热量摇动着网格处的分子使其产生振动，从而实现由高温侧向低温侧的热能传递。特别指出的是，木材等植物有着年轮那样的层状结构，因此，顺条纹方向的热量传递和与条纹垂直方向的热量传递的容易程度会有较大的不同。

　　在金属中，具有良好导电性的金属也具有良好的导热性。奥林匹克运动会的奖牌，名次顺序是金、银、铜。与此顺序不同，从具有良好导电性和导热性方面来看，第一位是银，第二位是铜，第三位是金，铁排在之后。

　　在绝缘体中，敲击就会发出金属声音的物质，相对来说更容易传递热量。玻璃和瓷器与木材、陶器、砖瓦、布以及纸张相比，传递热量比较快。因此，可以利用难于进行热量传递这一性质，将这些物质作为隔热的**绝热材料**来使用。

　　热量在物质中的传递称为**热传导**。在自然环境和人们生活中，热传导起着很重要的作用。热传导的速度与温度差、横截面积及厚度等有关，但很大程度上取决于物质的性质，可用**热导率**来表示这一性质。单位面积的热量与温度差、热导率成正比，与热量传递的距离成反比。如果以银的热导率为基准的话，则铁约为其五分之一，玻璃约为其三百分之一，木材约只有其三千分之一，数值非常小。另外，热导率依固体、液体、气体的顺序变得越来越小。水的热导率是空气的23倍。

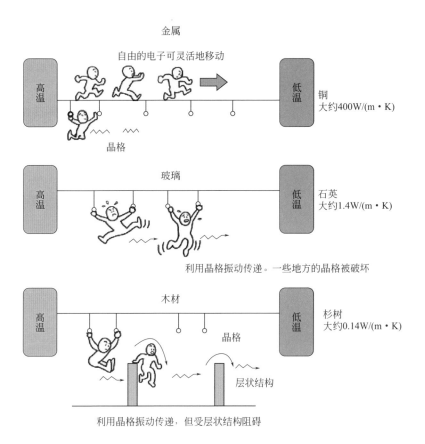

热量由高温处向低温处，通过各种形式在物质中进行传递。热量在金属导体中被自由电子传递，在玻璃和木材等绝缘体中通过晶格节点的振动进行传递。在具有层状结构的物质中，传递方向对热量传递的容易程度有着很大的影响。另外，物质的状态也影响其传热，传热容易程度依次为固体＞液体＞气体。

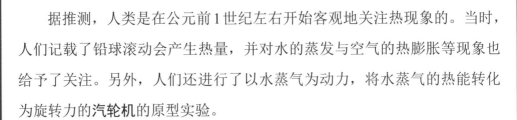

拓展阅读 1

热力学的发展

　　据推测，人类是在公元前1世纪左右开始客观地关注热现象的。当时，人们记载了铅球滚动会产生热量，并对水的蒸发与空气的热膨胀等现象也给予了关注。另外，人们还进行了以水蒸气为动力，将水蒸气的热能转化为旋转力的**汽轮机**的原型实验。

　　进入16世纪，由于希腊哲学的发展，人们开始高度关注宇宙和身边的现象。伽利略于1597年，应用密封容器内的空气会随温度的变化发生热胀冷缩的原理，制作了利用水位的高低测试密封容器内空气冷热程度的仪器。

　　60年后，1657年，意大利佛罗伦萨的实验科学院，对伽利略的空气冷热程度测试仪的刻度提出了改进方案，并建议以人类的体温或黄油的融化温度为基准，但是这个方案并没有实施。1665年，人们发现水沸腾时温度不变的规律。

　　最终，在1742年，舍尔修斯提出了将水的沸点定为100℃，将冰的融化点（水的凝固点）定为0℃，并在其间等分100份的现行摄氏温度标准。从利用温度计测量温度这一想法的提出到摄氏温度标准的建立，人类花费了整整145年。这个温度计能帮助人们明确热的各种性质并加深对其的理解。

　　热力学的科学发展可以说是由确定通用温度计的温标开始的，但在其研究的过程中，亦可窥见热的本质等问题。

第②章
奇异的热现象

　　本章主要介绍，人们为得到安心、健康、舒适的生活，利用热的性质所采取的各种方法和措施。

2-01　为什么摩擦物体会产生热?

双手互相摩擦的话，手掌就会发热。这是人类自然而然做的能够产生热的原始动作，也是人类创造热量的开端。摩擦干燥的木头就会发热，如果锲而不舍地持续进行这一摩擦动作的话，木头就会燃烧起来，这是人类掌握的人工取火的方法。能够想象得到，人类正是在这一瞬间获得了建设文明世界的重要手段。这是数万年前发生的事情。

当两个物体相互摩擦时，构成物质表面的分子和原子会发生激烈的振动，这种振动会传递到物质的内部。这就是说，物体摩擦这一外部的运动可转化成固体物质的原子级别的振动。最后振动以热量的形式表现出物质温度上升的现象。通过运动，将能量形式之一的动能转换为热能。直到1840年，人们才证明了运动与热是能够相互转换的。

如果不断地重复弯折细针，折痕处的热量增大，温度升高，达到无法用手去触摸的程度。这个现象就是重复弯折运动传递到细针的原子结构中，将剧烈的振动转换成热量。这个原理与物体的相互摩擦原理是相同的。这时产生的热量称为**摩擦热**。

摩擦生热这一发现，给了我们确认热的本质的契机。正是因为摩擦生热，我们才能从之前的依据经验利用热的时代，过渡到了掌握热的新时代。

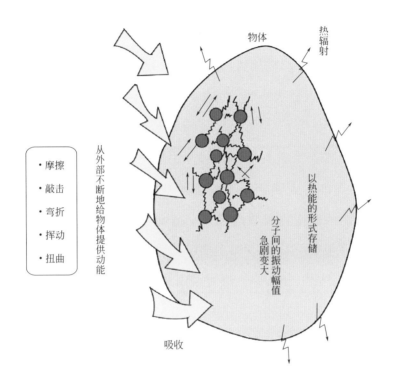

从外部对物体不断地进行各种作用（用物体摩擦、敲击、弯折、挥动、扭曲等），这些能量就会被物体吸收，撼动物体内部的原子排列和原子本身的位置，原子就会产生不同方向和强度的振动。这种被物体存储的振动就是热能。物体的热辐射就是因具有温度而向外辐射电磁波的现象。这个过程就是动能转换成热能的过程。

　　能量的单位是J（焦耳），是以詹姆斯·普雷斯科特·焦耳的名字命名的。1850年，焦耳在装有水的容器中，放入带有梳子状叶片的转轴，不断地旋转转轴后，发现水的温度上升，从而发现了热能和动能之间存在的当量关系。

2-02 物体燃烧需要什么样的条件?

物体燃烧必须具备三个条件。

① **可燃物**；② 可燃物放置在空气等有氧气的环境中；③ 燃烧的温度达到可燃物的**燃点**（着火点）。上述三个条件缺少任何一个，物体都不能燃烧。

我们在生活中，采用各种各样的方法让燃料燃烧转换成热量。燃料包括石油系列（汽油、柴油、灯油）、天然气、LPG（液化石油气）、木炭、柴、蜂窝煤（将煤粉固化成型）。汽油、柴油是汽车用燃料，灯油是取暖用燃料，其他的主要是烹饪用或加工热水用的燃料。我们所使用的电力大部分是利用液化天然气（LNG）、煤炭或石油（原油、重油）等燃料燃烧产生的热量加热水，形成高温高压的水蒸气，在水蒸气的作用下进行发电。

煤炭主要含有碳元素，石油是碳元素和氢元素的复杂结合产物，天然气的主成分甲烷是1个碳原子与4个氢原子相结合而成。

燃烧这样的燃料就是使燃料成分中的碳元素、氢元素与氧元素结合，燃烧后生成二氧化碳（CO_2）和水（H_2O）。燃烧就是利用了这一过程中的**放热反应**。1g碳充分燃烧，能产生32.76kJ（千焦）的能量；1g氢气（由2个氢原子结合）充分燃烧，能产生142.915kJ的能量。

体积为1L的天然气具有45kJ的能量，在理想状态下燃烧的温度可达1700～1900℃。家庭用的煤气灶，由于向周边扩散而损失部分热量，其温度在1000℃左右。

由于有机物含碳和氢，因此是可燃烧的燃料。塑料、矿泉水瓶和合成纤维等物质是以石油为原材料制造而成的，当然容易燃烧。而混凝土、石头以及陶瓷等绝缘物，则无法燃烧。

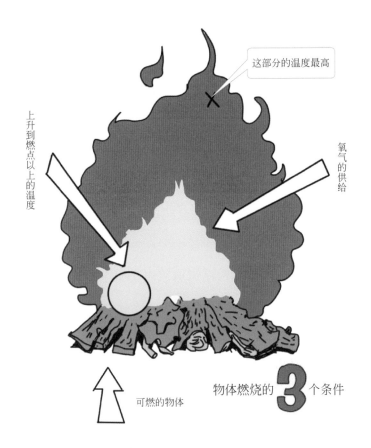

这部分的温度最高

上升到燃点以上的温度

氧气的供给

可燃的物体

物体燃烧的**3**个条件

物体燃烧或使其燃烧，都是物体中含有的碳元素、氢元素与氧元素急剧结合所引发的放热反应的结果。可燃物的存在、燃烧的温度能够到可燃物的着火点以及有氧气（空气）环境，这三个条件如果不能同时满足，物体就不能燃烧。

2-03 为何晒太阳会感到温暖?

这是因为太阳光（太阳能）中约42%是可以让人感到温暖的电磁波（红外线）。

太阳能可以认为是来自温度约6000K（开尔文）的物体的电磁波辐射。电磁波在宇宙空间中以无损耗辐射传热的形式传递到地球。

电磁波，顾名思义，是波的一种。电磁波如同海浪一样以凹凸不平的形状反复前进。从一个波峰到下一个波峰（或从一个波谷到下一个波谷）之间的水平距离称为**波长**。

众所周知，太阳光中包含呈现7色彩虹（紫、靛、蓝、绿、黄、橙、红）的可见光，太阳光是可见光等各种波长不同的电磁波的集合体。在太阳光中，可见光占54%，比可见光波长短的紫外线占4%，有着长波长的红外线占42%。

从电磁波的性质来说，波长越短所含有的能量密度越大；反之，波长越长的，能量密度越小。太阳辐射来的红外线的波长是 $0.83 \sim 2.4\mu m$（微米，$1\mu m=10^{-6}m$）。据说人头发丝的平均直径是 $80\mu m$，太阳辐射来的红外线的波长是头发丝直径的 $1/100 \sim 1/30$。

电磁波的另一个性质是碰撞到物体后会发生反射、吸收和透射现象。电磁波碰撞到物体所呈现的现象与波长和物体有关：碰撞到金属后绝大部分都会被反射；碰撞到绝缘体后，会有一定程度的吸收和反射，但大部分都会发生透射现象。电磁波被物体吸收后，使构成物体的分子和原子产生振动，也就是说变成了热量。地球上的物体具有各种颜色，这些颜色是由物体大量反射不同波长的可见光所决定的，同时，这也是因为人眼能够区分所能看到的颜色的不同。

　　太阳辐射的红外线是人们看不见的，但它可以渗透到人的皮肤下0.3mm处，其中一部分红外线到达厚度为0.1～0.2mm的表皮及其下面的真皮时转换成热能。因为人的皮肤的温度传感器（称为热度感受器）就在厚度为1～2mm的真皮层中，所以我们可以感觉到温暖。于是，我们晒太阳时，被太阳照射之处不会被寒冷的北风夺走热量，因而，感到非常舒服。

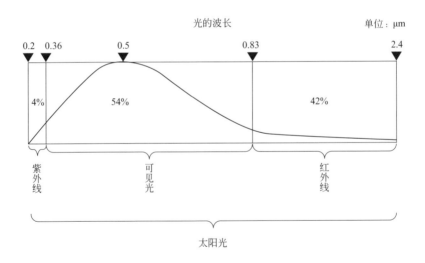

本图表示了电磁波中太阳光的波长以及太阳光中紫外线、可见光和红外线辐射的能量比例关系。我们之所以感到温暖是因为多数波长长的红外线被我们所吸收。太阳光中紫外线所占的比例虽然较少，但是1个光量子所携带的能量很大，因此，必须注意紫外线对皮肤和眼睛的伤害。

2-04　空调是如何实现制暖的？

　　水从高处流向低处，热量也是从高温物体传递到低温物体。若想将水从低处输送到高处，就需要使用水泵。为了让水泵运转，就必须要有动力。热量传递也是同样的道理。要想将低温物体中的热能传递到高温物体中，就需要使用像水泵那样的能将热量进行转换的装置。这个装置称为**热泵**。同样，要热泵工作也需要动力。房间的采暖可使用燃烧燃料（灯油、天然气、柴等），也可以使用电热器、空调，从效率与便捷性方面比较，使用空调（air conditioner，空气调节器）更好，因而空调被广泛使用。

　　热泵的工作原理是利用蒸汽压缩后温度会上升的性质，以及蒸汽凝结变为液态时会释放大量的热量，即**液化放热**的性质。为了吸取热量给外界的低温空气加温，必须使用比外界气温更低的可沸腾的物体（沸点为-26.5℃或-61.4℃的介质等）。在外界的低温环境下，将这个低沸点的介质变为气体，在动力作用下压缩这一气体，气体升温就储存了热能。将这个高温的气体送入室内使室内的空气升温就实现了房间的采暖。完成加温空气工作的介质一边液化放热变成液体，一边再次在外界气温下蒸发变成气体。如此，不断重复着吸热、放热这一过程（即循环）。

　　空调的效率，作为采暖可以表示为送入室内的空气的热量与空调制热所耗电功率之比，这个比值称为空调的**性能系数**（COP）。通常，空调的性能系数为4～5。这表示空调的制热能量有着所耗电功率的4倍以上的效果。

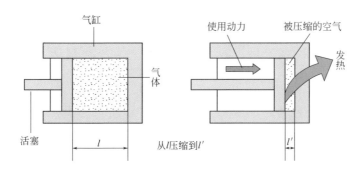

推动气缸中的活塞对气缸中的气体进行压缩，气缸中的气体体积减小、压力增加。空调采暖正是利用了气体被压缩温度就上升的性质给空气升温的。

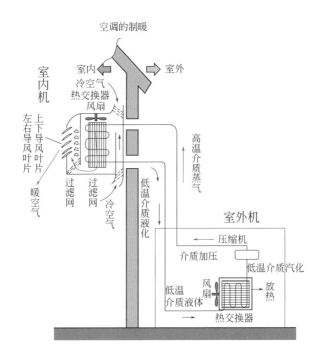

即使在低温下也可以蒸发的介质，经压缩机的压缩使其变为高温的蒸气。然后，介质加热室内的冷空气，为室内加温取暖。虽然介质失去热量就转换为液体状态，但是室外的高热空气让其再次蒸发，不断循环重复使用这一过程。

地采暖是热源在屋内地板之下，以地面作为辐射面，室内温度可保持在25～30℃的一种室内采暖的方法。**火炕**就是通过循环烹饪烟气而采暖的，烟气不仅可以通过地板也可以从墙壁或屋顶的烟道对室内空气进行加热。地采暖有古老而悠久的历史，据说在罗马帝国时代就已被发明。

现今，地采暖的热源可以使用电加热器、煤气热水器、烹饪烟气（排烟）、废热水等。若是采用电加热器的方式，电能100%可以转换为热能。电加热器方式，电热器或电暖炉等通常采用镍铬合金的电阻丝，但为了提高安全性能，有时也会使用**陶瓷热敏电阻**（PTC，以钛酸钡为主要成分的导电陶瓷）。这是利用了陶瓷热敏电阻的特殊性质：温度升高到一定程度，热敏电阻本身的电阻值就会迅速增加，限制了大电流的通过，从而起到过流保护的作用。

因为地板是以平面的形式提供热能，因此，会以三种平稳舒适的方式来实现对人体的热量传递：第一种方式，当身体与地板直接接触时，通过地板的**热传导**从脚下传出热量，使人感到温暖；第二种方式，即使只是25～30℃的温度也会放出波长为9.5～9.7μm的远红外线，所以，以**热辐射**（与太阳的热量传递一样）传热方式直接温暖身体，这种热辐射的强度是太阳热量的1/20～1/10；第三种方式是热对流，即温暖的地板使其上方的空气升温，变轻的空气从脚边慢慢地上升加温周围环境，这是**自然对流**的方式。如上所述，地采暖通过各种热量传递方式，缓慢平稳地实现了采暖。

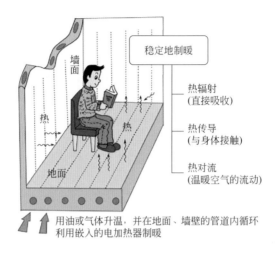

稳定地制暖

墙面

热

地面

热

热辐射
(直接吸收)

热传导
(与身体接触)

热对流
(温暖空气的流动)

用油或气体升温，并在地面、墙壁的管道内循环
利用嵌入的电加热器制暖

感觉电费和燃料费有点多
呢！希望热量的利用达到
100%，使用过的全部回
收，降低费用。

　　过去常说头凉脚热，热量从脚下而上是符合人的舒适状态要求的最佳环境，而地采暖的卖点就是稳定的采暖方法。油或气体集中在一处被加热，并让其在铺设在地板内的管道内流动，均匀地让地板温暖起来。除此之外，也有将电加热器均匀埋设在地板内的方法，温度可达25～30℃，从而缓慢地稳定供暖。这将是实现安心、安全、健康、舒适生活的必需品。

虽然空调或加热器等加热设备有各种各样的类型，但是**电暖桌**取暖的效果别具一格。那种让人放心的温暖来自何处呢？

电暖桌的秘诀是使用了**红外线加热器**。红外线加热器也有各种类型，例如**卤素灯加热器、碳纤维加热器**及**石英灯加热器**等，其使用的发热体发光的波长在近红外线到远红外线的范围内。

现以卤素灯加热器的电暖桌为例，说明电暖桌的结构和原理。卤素灯加热器电暖桌的类型可分为两种，一是暖炕型电暖桌，即将发热体放置在地板下挖好的坑里；二是被炉型电暖桌，即将发热体安装在电暖桌台面下。后者的发展型中，有座椅型电暖桌。这是在发热体的热辐射加热作用下，再使用送风的风扇实现强制对流热传递，并由被子等保温性强的布覆盖形成密闭空间来温暖腿与腰部。由于发热体会产生高温，加热器配有到达129℃就能切断电源的安全温度保险丝，同时，为了防止烫伤使用热导率低的材料编织成网状覆盖物罩在加热器上。另外，备有电源开关和调节温度的控制器。

卤素灯加热器是以耐高温性强的钨（W）为灯丝，灯管中高压密封了惰性的氮气（N_2）和氩气（Ar），同时又添加了微量（0.1%左右）的卤族元素溴（Br）。高温的卤钨化合物成为发热体，透过玻璃管辐射近红外波段（波长$0.9 \sim 1.6\mu m$）的热量。从电力供给到发光的电热转换率达到85%左右，据说因反射和吸收等作用，最终的效率只有40%左右。通常卤素灯加热器的耗电量最大为600W，最小为90W，所以需要采取一些避免热量散发的措施，如在脚底铺保温垫等。

　　碳纤维加热器是以碳纤维为发热基本材料制成的加热器。碳纤维是容易辐射远红外线（波长4μm左右）的材料，其对人体的制暖效率是卤素灯加热器的2倍左右，可以说是节能型的加热器。

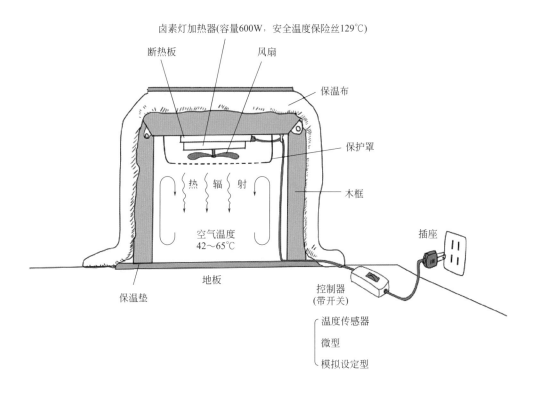

　　电暖桌是传承了日本传统的暖桌文化的产物，是具有升温迅速、温度调节简单、不会产生气体、电源切换容易、安全性非常高等特点的采暖设备之一。其本质是通过热辐射的作用完成制暖。除了发热体的性能外，其关键点是如何防止被加热到42～65℃的空气的热量散发并有效利用。

2-07 隔热窗帘的特点

　　隔热窗帘（隔热保温窗帘）具有阻断外面的高温或寒冷空气以及太阳光直射的热量，维持室内舒适环境的作用。使用隔热窗帘，与使用空调、天然气或煤油取暖器等消耗能量的方法不同，因为隔热窗帘是不使用能量的，所以可以说隔热窗帘是保护了环境，它就如同人们为保持体温会戴帽子和系围巾，重叠地穿衬衫、毛衣等一样。

　　隔热窗帘需要做到能阻断**热辐射**、**热传导**、**热对流**作用下的热传递，在此基础上，还必须轻巧、柔软、便宜。因此，为增加这些功能需要对布料进行表面加工或多层化处理。

　　隔热窗帘所用的布料称为**功能材料**。一般情况下，隔热窗帘与可遮光或调整透光度的纱帘一起使用。这主要是利用空气的热导率只有玻璃的1/40，能够自然地发挥隔热效果。进而，充分利用合成纤维的优势，如聚酯纤维等合成纤维的形状和构成能改变对热的作用性质。

　　棉质面料是最适合室内侧的布料。棉质面料与羊毛面料相比，其热导率是羊毛面料的6倍以上，手感也很好。尤其，棉质面料的热导率在窗帘的上下方向较大，在面料的正面和背面较小，所以可以有效地减少屋内上下的温度差。

　　顺便提一下，隔热窗帘的功效是通过表面的反射，防止热辐射作用下的热量侵入室内，因此，常会选取反射性强的面料（即使其热导率有些大）。

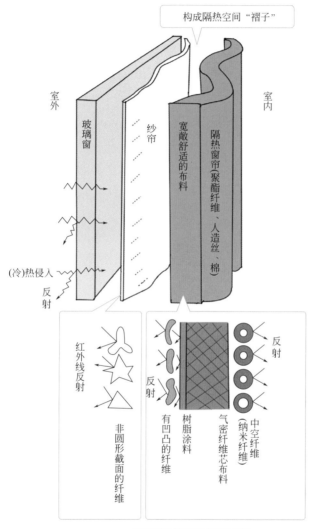

构成隔热空间"褶子"

室外

室内

玻璃窗

纱帘

宽敞舒适的布料

隔热窗帘(聚酯纤维、人造丝、棉)

(冷)热侵入

反射

红外线反射

非圆形截面的纤维

反射

有凹凸的纤维

树脂涂料

气密纤维芯布料

中空纤维(纳米纤维)

反射

空气层的活用和红外线反射、
低热传导性的利用

接近玻璃窗的纱帘采用对可见光和红外线有反射作用的具有Y形、星形、三角形截面的纤维。隔热窗帘有众多的宽敞的褶子（悬垂）结构，将空气封闭于其内。隔热窗帘有着多层结构，靠近玻璃窗侧的层采用凹凸或光泽的表面以反射红外线，中间的气密层采用完全隔断空气流动的材料，而室内侧则采用热导率低的中空纤维。

结露是指当水蒸气接触到比空气温度低的物质时，水蒸气的温度下降，在物体表面以水滴的形式析出的现象。

空气中含有水蒸气的量会随温度和压力而变化。通常，大气压力规定为1个标准大气压（1atm），因此，可以说空气中水蒸气的含有量取决于温度。例如，$1m^3$空气的含水量在气温25℃时大约为26.1g，而在气温10℃时10.14g就是其最大值了。空气中含水量最大的状态就是湿度为100%。空气温度从25℃降低到10℃时，$1m^3$的空气中就有26.1 – 10.14 ≈ 16g的水蒸气转变成液体。

某温度的湿度是指该温度时，空气中所含水蒸气的量占饱和水蒸气的量的百分比。湿度等于100%时的温度称为露点，发生结露。

只要有空气，就有可能发生结露，特别是湿度高、容易出现温度差、通风差的地方，出现结露的可能性非常高。需要注意的是，由于水蒸气是以水分子的形式存在，它可以钻入任意狭窄细小的缝隙中。此外，温度差和湿度差会提高水分子的渗透性，所以在有温度差和湿度差的地方，水分子渗透更容易。

通过仔细了解结露的这些性质，我们就能够采取相应的对策。降低湿度的有效方法是最大限度地保证密封性并开启除湿器。进一步说，还可将特定场合的温度冷却到最低，从而集中除去空气中的水分，或只吸收和吸附水分等。若没有密封的场合，提高空气的流动性、消除温度差，也能防止结露。过去的房子因为通风效果非常好，所以这类结露问题就没出现过。

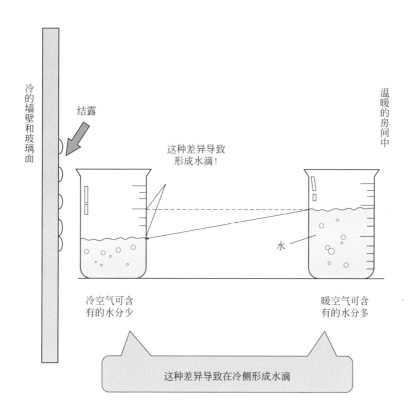

温度高的时候，大量的水就能以水蒸气的状态存在于空气中，但如果温度下降，其含量如图所示将减少，于是超过了最大限量的水变为液体而形成结露。空调的除湿设定就是利用了这个性质，在低温下人工除去空气中的水分，然后再次加热恢复到原来的温度。

在服装的防寒措施方面,我们以前在棉、丝绸及羊毛等天然材料的纤维粗细和编织方法上面下了很多工夫,使用了在保证身体舒适的同时又能防止体温耗散且使外部的寒气难以入侵的材料,不过这也有极限。于是,人们开始探讨给化学纤维添加有效保持热量功能的技术,创造出了科学保暖的产品。

成果之一就是优衣库和杜尔(TORAY)共同开发的利用**热技术**的保暖布料。即使在寒冷的时候,人的身体也会因出汗而散发出水蒸气,将水蒸气凝缩在布料内,并将此时产生的**液化放热**封闭在接近皮肤的断热层内,于是这一热量被布料的纤维吸收,通过含有热量的纤维与身体的密切接触,热量通过热传导的方式传递到皮肤而使人感到温暖。利用毛细管作用将液化成液体的水分引导到热传导性好、通气性好的布料外层,水分在外部热的作用下变成水蒸气释放。

水蒸气变成水时,液化放热释放出的热量是使水温升高1℃所需热量的500倍以上。因此,即使水量很少,但热量很大,所以人们对其效果的期望非常高。据说1天中人体大约有0.8L的水以水蒸气的形式被排出体外,将这个量进行蒸发放热换算的话,可知人每天能释放出的热量相当于20.9W加热器所释放的热量。如果能100%回收这一热量,则相当于人一直被20W左右的加热器所包围。

另一种保暖内衣的制作方法是使用了称为**碳/石英石**(又称**碳/二氧化硅**)的原料,**碳/石英石**是可以半永久辐射4 ~ 14μm远红外线的物质,将其做成0.3μm左右粗细的丝,并加捻到聚酯纤维内制成线,纺织成布料。加茂纤维在可乐丽(kuraray)公司和郡是(GUNZE)公司的协助下开发成功了**保暖内衣**。这种内衣辐射出的波长是接近人体体温区域的波长，因此可以获得适当的暖意，这点受到好评。这种材料除了用于内衣外，也用于长筒袜、长围巾等，其用途正在逐渐扩展。

保暖纤维的构造

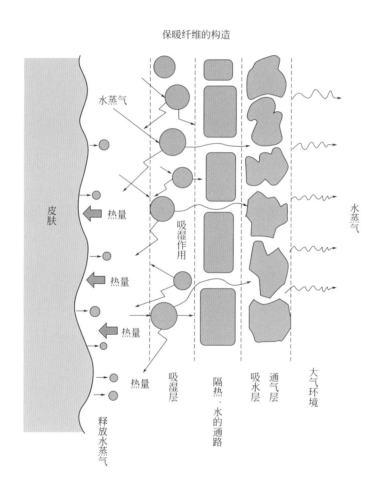

保暖纤维是由与皮肤接触的吸湿层、与其相连的只能通过水分且隔热的层以及吸收水分而释放到大气的通气层构成。

2-10 如何选择冲锋衣?

在寒风中，保持体温的方法之一是穿冲锋衣等来隔断寒风。经验告诉我们，寒风的速度每增加1m/s，人所感觉到的体感温度将下降约1℃。但是，实际的低温情况更加严峻，体感温度与湿度也有关系。由经验公式可知，在气温5℃时，如果刮风的速度为5m/s的话，则湿度为60%时的体感温度为-6.2℃，而湿度为80%时的体感温度为-7.5℃。这一过程中，刮风引发的空气流动（流速）形成了**强制对流热传导**，在强制对流热传导的作用下，身体的热量被强制夺走。

据说，-29℃的体感温度是危及生命的温度。例如，在气温-5℃、湿度为90%且风速为15m/s的微强风的情况下，计算得出的体感温度就是-29.1℃。因为头部散发的热量占身体散发总热量的50%，所以，戴防寒用的帽子是有效的防寒措施。

但是，人们穿戴服饰不只是发挥遮挡风的功能。仅是挡风的话，那么使用塑料布就可以了。在遮挡风的过程中，不要忘记人体是发热体这一重要事实。

因此，只要有保持体温这一功能，那么就可以确保足够温暖。因为人体总是在出汗时排出水分，所以选择冲锋衣的最低条件就是具有适度的保温和排湿的功能。汗水蒸发成水蒸气时的水滴直径尺寸是0.0004μm，是细雨水滴直径（0.1mm）的1/250000。也就是说，只要有这样一种多孔薄膜就行了：孔的大小可以让汗水的水蒸气穿过，但又不能让细雨穿过，且这个薄膜制作简单又便宜。制造出让空气的分子能够穿过的孔，或者是采用一定加工方法使其穿行不畅通，也可以获得足够的隔热效果。此外，为了让人们可以舒适地长时间穿用，快速地吸收汗水，最重要的一点就是设计出与肌肤直接接触的具有蒸发汗水功能的那层面料。

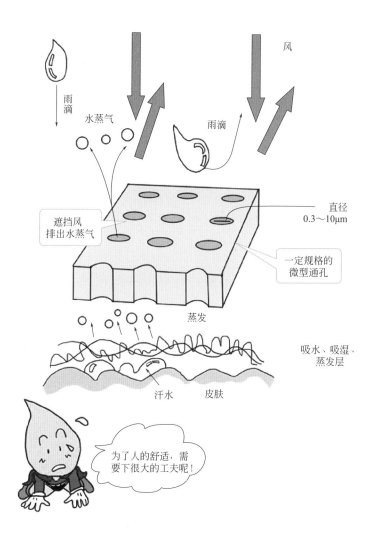

如果仅仅只是遮挡风，那么塑料布就足够了。但是，实际上还需要对来自人体的发热和发汗采取措施。针对发热和发汗所采取的方法就是设置大量的水蒸气能够穿过的直径为 $0.3 \sim 10\mu m$ 的孔。防风所采取的措施就是在上面的细微结构上，将孔道的路径复杂化，从而将风的侵入降到最小。

2-11 电流在镍铬合金导线中流动时为什么会发热?

通常,将能够传导电流的金属和半导体称为**导体**。在导体中,也存在容易传导电流的物质和不容易传导电流的物质。在导体中传导电流时必然会产生热。

传导电流的容易程度可以用**电阻**的大小来表示,通常只使用**电阻值**,单位使用欧姆(Ω)。电流之所以转化成热能,是因为电流(电子)在物质中以接近光速的速度移动时,金属原子的热振动或有缺陷的结晶在其前进方向形成阻碍,从而使电子失去了动能。损失的动能在物质中转化成了热能。这种由电流产生的热能叫**焦耳热**。无论是交流电流,还是直流电流都能产生焦耳热。

家用电器都带有电源线。电源线是多根细铜丝扭结而成的,并用塑料等绝缘物包覆。在家用电器的正常使用过程中,电源线不会发热,这是为什么呢?这是因为,即使通有电流,但电源线的电阻值非常小,难以转化成热量。电阻的大小受使用材料的金属种类影响。另外,电阻与导线的长度成正比、与导线横截面积成反比。若镍铬合金材料的电阻值用欧姆·米($\Omega \cdot m$)表示的话,则每单位横截面($1m^2$)、单位长度($1m$)的平均电阻值是铜导线电阻值的65倍左右。

镍铬合金导线是由镍铬合金制造的。镍铬合金是将镍金属(Ni)和铬(Cr)金属按比例(例如,镍80%、铬20%)混合而成。在我们身边,镍和铬通常作为电镀的镀层原料使用,它们是不容易生锈且稳定安全的金属。由于镍铬合金的熔点是1430℃,所以能够用于加热到500～600℃的用途。

在电气制品中，镍铬合金制品操作简单，温度设定精准且容易。镍铬合金除了应用于电热器以外，也用于烤箱或面包机等产品中。

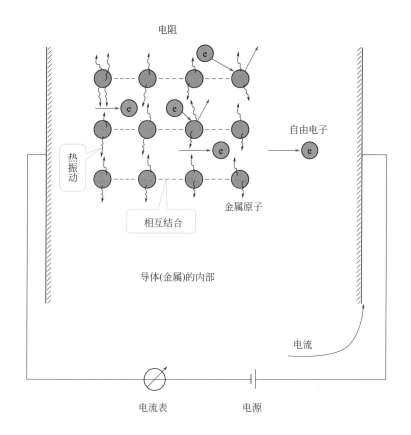

金属内部的原子呈规则排列，原子在热量的作用下振动，于是与自由电子相碰撞。这种运动过程形成电阻，也是物体发热的源头。随着温度的升高电阻值也增加是金属的特征之一。因为不同的金属构成其原子的排列不同，所以金属类别不同其电阻值也不同。电阻值比较低的金属中，按电阻值由低到高顺序排列，依次为银、铜、金、铝。从成本和来源方面考虑，一般选择用铜来制造电线。

2-12 发生火灾时的安全避难方法

在遭遇火灾时，非常重要的事就是要知道"什么地方起火"以及"什么物质在燃烧"，然后，就是要确保自己的安全。

当室内发生火灾时，整个房间充满了火焰，燃烧消耗了周围空气中的大量的氧气，同时释放出一氧化碳等有害气体和比空气重的二氧化碳。为了能够呼吸新鲜空气，我们应尽可能压低身体，一边保护好头部和脸，一边迅速远离火源。

在室外遭遇大规模的火灾时，要时刻注意空中坠物和飞行物，不要慌张，要沉着冷静地往火源的上风口处移动，离开火源。

火灾刚发生时的灭火方法简单，考虑到燃烧物有可能是油，为此只需要留意燃烧的条件之一：有氧的环境，切断氧气的供给即可。应使用难以燃烧的毛毯和被子等，完全覆盖住火苗进行灭火。为了达到这个目的，人们制造出了灭火布，它是由纳米纤维这一极其细小纤维制成的布。

据说，人类在避难逃生时所能承受的温度为40～50℃。根据模型计算，一般情况下，发生火灾2min后的空气温度就能达到50℃，为此，在火灾现场必须争分夺秒，迅速地行动起来。气体（空气或燃烧气体）的体积与温度成比例增长，温度高气体变得相对轻些。同时，炎热的废气和废烟向上方移动。因此，在火灾现场尽可能地压低身体是非常重要的。在接近地面的地方，有可能还残留着新鲜的空气。在墙边接近地面的地方等，有新鲜空气的可能性也是相当高的。当然，在这些地方附近，烟雾的浓度也是相对低的，相比较之下视野也会更好些。

纸的热导率比空气的小。1张纸虽然容易燃烧，但一份报纸那样的十几张纸重叠在一起的话，热量就难以传导，氧气供给也困难，简直就如同木材那样，只有表面燃烧，而整体却难以燃烧起来。将数份报纸用水浸湿，盖在头上避难逃生也是非常有效的方法，当然，不要忘记给其补充水分。

在大规模火灾的情况下，据说蔓延燃烧的速度再快，也只是人类步行速度的1/10，所以请不要慌张，要冷静地避难逃生。

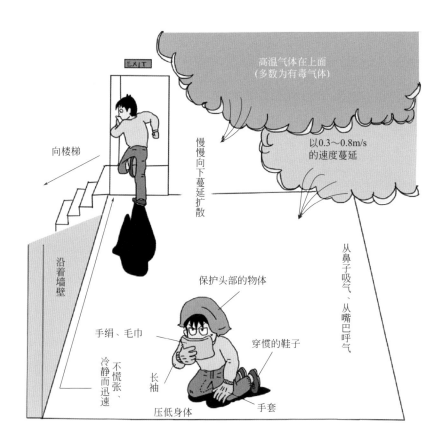

遇到火灾的时候，要冷静地看准高温空气和烟气的蔓延方向，压低身体，用毛巾遮住口部，保护头部，沿着墙壁逃生。

散热器是为了冷却汽车发动机装置而使用的**放热器**。放热器的作用是将发动机和空气压缩机以及制暖装置中产生的热量，由机器处转移到其他地方并排放。为了转移热量，需要先将热量转移到液体或气体中，实现这一过程的装置称为**热交换器**（或换热器）。

你可能会有疑惑，为什么需要这么多的过程，认为不用这么麻烦，直接将产生的热量马上释放到空气等周围的环境中就可以了。当然，直接排放的方法简洁快速，但是当产生热量的源头周围场合受到限制时，就无法实现了。于是，就有了将热量先转移到液体中，并将此液体引导到容易释放的环境处，再放出热量的方法。这种方法的优点是可将产生热量源头的容器保持在稳定的温度下，也具有提高装置性能的稳定性、延长装置的持久性的效果。

现在我们以发动机驱动的普通乘用车的散热器为例，来进行说明。

为了将发动机装置保持在适当的温度，需要将多余的热量转移到冷却水中，利用冷却泵将冷却水输送到散热器中，并向空气中释放热量。放热降温后的冷却水经过循环，再次用于发动机的冷却。为了在寒冷地区也能使用冷却水，在自来水中加入30%的乙二醇。冷却水中还含有微量的防腐剂和消泡剂。虽然根据发动机排气量不同散热量有所变化，但一般来说，乘用车的热量中约30%是通过散热器释放的。进入发动机冷却水的温度为80～83℃，每分钟循环100～200L。温度上升的循环冷却水通过安装有大量散热片的散热器内的冷却板和管道，被风扇吹来的空气强制冷却。

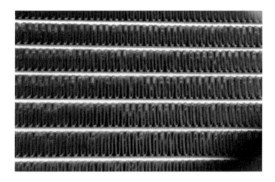

从正面看汽车散热器的样子

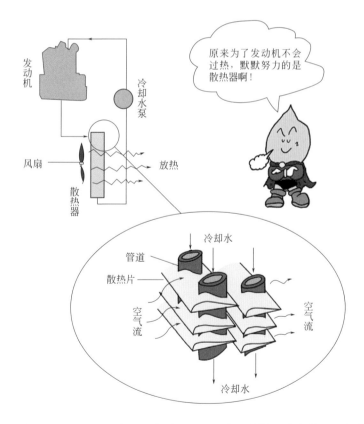

散热器的目的是利用外部空气与发动机冷却水形成的强制性对流热传导进行热量交换。由于空气的热导率不到水的热导率的1/20，于是人们在加大空气传热面积的散热片结构方面采取了各种各样的措施。

2-14   废热能够再利用?

因某种目的而利用热能时，多数情况下，在热能利用结束后介质都是以温度下降的状态向外排出，这就产生了**废热**。完成了一个目的作用后，介质温度在大多数场合下还是很高的，于是，可以将这种热能再次应用于其他用途，这称为**废热利用**。

以汽油或柴油为燃料的汽车，其驱动力是通过发动机燃烧燃料获得的，使用后的能量被排出发动机外，成为废热。其中一部分废热被用于冬季的供暖，这是最典型的废热利用的例子。现有的汽车动力中有大约70%的废热被排出大气而丢掉。为此，相关人员开展了更有效利用汽车废热的研究开发工作。

在日本，平均每人每天产生1kg左右的生活垃圾。这些垃圾被收集后，其中的75%被焚烧。1kg的废弃物含有的能量相当于大约0.3L汽油的能量。为此，大型的焚烧厂从很久前就开始利用这种焚烧时产生的热能生产蒸汽，最终用于发电。但是，在中小规模的焚烧厂却没有再利用这些热能。如果周围环境条件允许的话，可以将冷却焚烧炉后还温暖的热水作为游泳池的供水，使其成为温水游泳池；或者，利用这一废热建立温室，用于栽培蔬菜、水果或花卉。

用石油炉子或木柴炉子取暖的同时烧水也是一种废热利用。如何有效地利用一直被丢弃的废热是一个重要的课题。

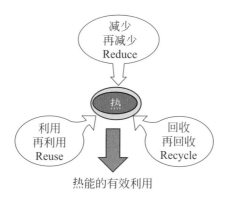

为了有效利用热能，人们正等待着相关技术的开发和确立，这些技术有热能的减量、再利用、再循环的技术（称为3R技术）。

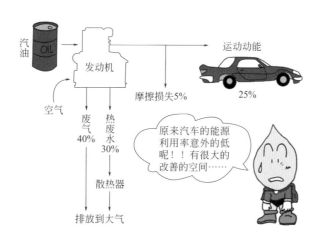

汽车只能有效地利用汽油所含能量的25%，汽油所含能量的40%都是以400℃左右废气的形式排放到大气中。研究者们正探讨着将这些热能巧妙地转换为电能的方法和如何有效地利用这部分的热能。

2-15 空调制冷的工作原理

　　将浸透水的毛巾轻轻拧出多余水分后，放置在电风扇前，我们会感到透过毛巾吹出来的风格外地凉爽。这是因为当电风扇的风碰到含有水分的毛巾时，毛巾中的水分蒸发，水分蒸发需要吸收大量的热量，所以会从周围空气中夺取热量，于是，穿透毛巾缝隙的空气会被冷却下来。这虽然是生活中的小窍门，但想要延续这一过程也是相当麻烦的，因为会有湿度的问题出现，为此并不推荐使用这种方法。

　　空调冷凝器（冷却）的原理基本上与前面的例子相同。空调制冷中，使用在0℃以下的低温环境下也能蒸发的制冷剂（介质）。随着降低装有液体制冷剂容器内的压力，液体制冷剂便开始蒸发。因为这个时候**汽化吸热**需要大量热量，液体制冷剂会从周围环境中夺取热量。

　　首先，制冷剂本身的温度下降，其次通过夺取容器的热量，进而夺取外界的热量，于是，若周围存在空气的话，这些空气就被冷却了。制冷剂不断地蒸发直到完全蒸发掉，此时制冷过程结束。在这里让我们感到困难的是，需要再利用气态的制冷剂。为此，使用电力来压缩气态的制冷剂。由于制冷剂一经压缩，其温度就变得相当高，利用外部空气的温度从而使制冷剂由蒸气状态转化为液体状态。将液态的制冷剂返送回最初的容器中，制冷剂就被循环使用了。

　　将制冷剂与空气进行热量交换的装置称为**热交换器**（亦称为换热器）。使制冷器蒸发的装置称为**蒸发器**，这也是热交换器的一种。与此相反，凝结气体使其变为液体的装置称为**凝结器**。

　　空气本身一直以气体的状态进行热量交换并降低温度，但会随着热量成比例地变化，这称为显热热交换。如果冷却空气而其他条件不变的话，湿度就会上升，因此，空调冷却过程中会去除多余的水分，以保持适当的湿度。

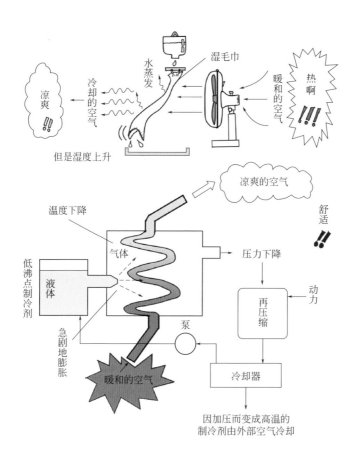

液体转换为气体时，会从周围夺取大量的热量。空调制冷就是利用了这一原理。使用特殊的制冷剂在低压环境下使其汽化，制造冷气。使用后的制冷剂利用周围空气和动力转换回液体，再循环利用。

与空调制冷使用冷风冷却房间的形式不同，表面冷却是在屋顶或墙壁这一宽阔的表面上形成制冷效果。无论是平面还是曲面，它都可使整体表面获得一致的冷却效果。表面冷却的原理与盛夏时靠近冰柱附近感到凉爽或进入隧道中感到凉爽的原理一样。

我们的身体是以体温为热源辐射电磁波的。这种电磁波是波长为4～30μm的红外线。成人辐射出的热量平均为50～100W，若以50W计算时，1日下来的热量大约有1000kcal（千卡，1kcal=4.1840×10³J）。由于热量有从高温向低温传递的性质，具有高温特性的电磁波会向低温面辐射并被吸收。这样，从身体辐射出的热量被表面吸收，从而使人感到凉爽。即使没有风，也会让人感到凉爽。从表面冷却的原理上来说，这是在没有空气流动且静止状态下进行的，所以不会出现灰尘飞舞现象。另外，还具有冷却效果均匀性高的特征。因此，表面冷却可以说是对人类非常友好、温和的冷却方式，非常适合于美术馆、图书馆或者是面向老年人的福利设施以及办公场所等。

为了有效地进行表面冷却，部分地区采用了**地热**。地下深度数十米到100m附近物质的温度如井水，常年稳定在14～15℃。将其作为热源使用时称为地热。在夏天，地热的温度远远低于外界温度，可以利用地热的温度来吸收外界的热量进行制冷。由于有稳定的较大温度差，其节能效果是非常显著的。若在城市中使用地热，再把废热分散排放到地下的话，将有利于抑制热岛现象。

在表面冷却的方法中还有与前面讲述的方法完全不同的另一种方法。用两种不同的半导体连接起来，接通电源后，接合部的一端会变冷，这称为**热电冷却**。目前，已有利用热电冷却的表面冷却的试验先例。

因为人体的体温平均为36℃左右，所以辐射出的红外线的能量最大能达100W左右。虽然波长的幅度范围为4～30μm，但9μm左右时其具有的能量最大。这个电磁波如碰到温度比人体体温低的物体就会被吸收。正因为这份热量被吸收，我们才能感觉到凉爽。这与被风吹而感觉到的凉爽不同，是因为热量的损失方式不同。这就是进入隧道或洞穴时感觉到的凉爽与被风吹感觉到的凉爽不同的原因。

洒水是利用水的蒸发热（又称**汽化热**）为周围环境降温，从而让人感觉到凉爽。同理，向炎热的屋顶洒水，因水的蒸发热可以减轻冷却设施的负荷。

从很久以前，人们就使用水瓢、手或洒水壶进行洒水。洒水的最佳场所是阴凉处或种有植物的地方。在屋外泼水的最佳时间是清晨和太阳刚落时。清晨洒水可以使太阳引发的气温上升平稳变化；日落后再洒水，可以降低路面温度，且使其不再升温，可让人度过一个舒适的夜晚。植物叶子的背面本来温度就低，洒水后温度更加下降，于是加剧了与周围的温度差，更加衬托出凉爽感。

与此相反，中午时分是不适合洒水的。中午虽然路面温度高，洒水后的水会急剧地蒸发降低温度，但同时会增加湿度。而让人们感到舒适的环境是高温时低湿度，在低温时反而是高湿度更好。仅仅是蒸发1g（1mL）水，就能让1m³的空气温度下降约1.9℃。在生活中真要好好地利用这一特点。

给住宅或工厂的屋顶洒水降温，其目的是防止来自屋顶的热量使天花板内的空气升温，导致室内空调的制冷效果降低。因此，在太阳照射时（从日出到日落）不分时段地进行洒水，可以说是为了利用蒸发热来缓解白天的强太阳能。洒水受到季节、场所及天气的影响，以东京周边为例，不洒水时的屋顶温度最高可达40～65℃，依据洒水条件的不同能够降低5～6℃。根据日照的程度来控制洒水的水量，将是非常高效的节能措施。

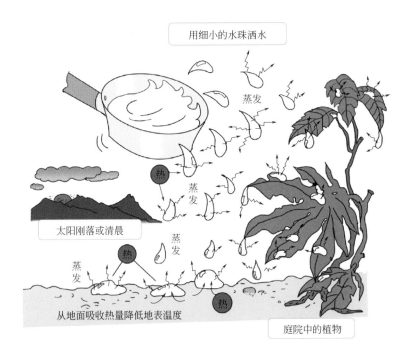

用细小的水珠洒水

蒸发

太阳刚落或清晨

蒸发

蒸发

热

蒸发

热

从地面吸收热量降低地表温度

庭院中的植物

热

　　洒出的细小水珠从周围的空气获取热量而蒸发。通过这个蒸发热来降低温度。洒水的最佳时间是太阳刚落时和清晨。向庭院地面或庭院里的植物叶子上洒水效果更好。

在闷热的室内直接露出皮肤的话，因为汗液从皮肤的表面蒸发，蒸发热夺走身体的热量而使人感到凉快。如果不断地擦拭汗液形成的膜，蒸发热将直接冷却皮肤。若不擦拭，汗液在表面张力的作用下覆盖皮肤，冷却效率下降。

穿着衬衫时，汗液渗透到衣服纤维的细小空间中，形成一种薄膜促进蒸发，另外因为皮肤表面的汗量减少，蒸发热可以更加有效地冷却身体。

据说衬衫的材质最好的是棉（棉花），这是因为棉具有非常好的吸水性。棉花的各个细小纤维的中间是空的，它的表面又被纤维素分子所包围，纤维素分子以细长的锁状相互间扭缠在一起，具有容易吸收水分的性质。麻也与棉一样，在吸水性能方面非常优异，同时在散热性能方面也非常优异。身着这样材质的服装，可以高效地吸收人体流出的汗液并将其蒸发，从而能够因汗液蒸发而带走身体的热量。

电线也是被塑料所包裹。当然，这是为了绝缘，绝缘层包裹到即使人触摸到电线也安全无恙，实际上绝缘层包裹还有一个作用，即被塑料包裹住的电线更容易释放热量，从而可抑制电线产生热量。你有可能会认为，从释放热量的角度看，电线与人不同的是不会流出汗液，直接以裸露的状态存在有利于散热。但是，用塑料包裹电线的作用也是以热传导的形式吸收电线的热量，进而释放到外界。电线被包裹后，其可放热的表面积明显增加，放热效率也显著提高。

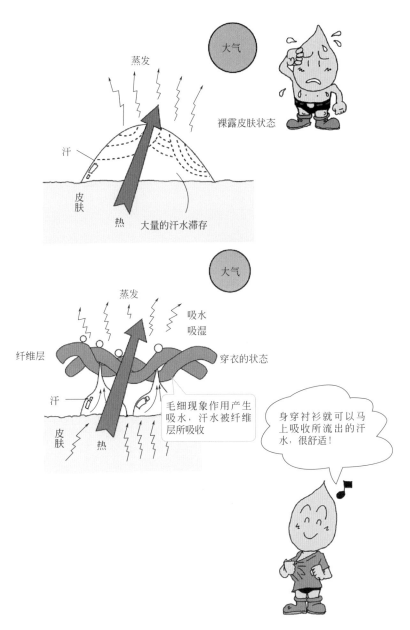

　　穿衣的状态与裸露皮肤状态相比会更加舒适的原因，是衣物可以从皮肤上快速地去除汗液，并且有效地利用汗液蒸发带走热量。衣物的纤维结构能将汗珠细细分隔，更有利于汗液蒸发。裸露皮肤状态正对着电风扇的强风吹的话，因为产生强制对流引发了大量热量转移，促进蒸发，所以使人感觉到凉爽。

在炎热的白天，浑身是汗而必须出门时，如果有可携带的空调该多好啊！最近，人们开发出了穿在身上就能让人感到凉爽的内衣。

闷热的夏天人们穿用的内衣材料基本上都是棉或麻等天然材质。确实，这些天然材质具有显著的吸湿性和通透性，但还是让人们感觉到有些不足和遗憾。于是，人们开始关注近年来合成技术取得飞跃性发展的化学纤维。各个厂家研究的结果是，开发出了不仅具有天然纤维的优点，同时又具有轻巧、不容易起褶及耐用等化学纤维优点的面料。

在没有空调的凉风、不能吃冷食的情况下，人体会通过出汗去启动体内的体温调节机能。但是，这个机能也是有极限的，仅仅靠这一机能是无法得到充分的舒适感觉。为了提高舒适程度，必须做到以下几点：不能让汗液总是停留在皮肤上；利用蒸发汗液夺走皮肤上的热量来高效地降低体温；需要能够感知皮肤表面发热，并确保其透气性能。化学纤维技术的发展使得具有上述3种性能的布料被制造出来了。

这就是具有多层结构的**多功能化学纤维**，它具有如下特点：①具有凹凸结构，确保其与皮肤之间有适当的空间；②利用毛细管的吸水和快速干燥结构，可以快速吸收汗液并使其蒸发；③利用防水性和光滑性，使大量的汗液沿着纤维流走。棉纤维的直径尺寸为 $12 \sim 28\mu m$，但多功能化学纤维是由含有 $0.7\mu m$ 超细纤维的层构成。

在皮肤出汗时，布料通过吸收水分而延伸，提高了这个特殊布料的通气性能。凉爽内衣就是采用了这种随皮肤的状态变化而变化的纤维织成的布料缝制的。

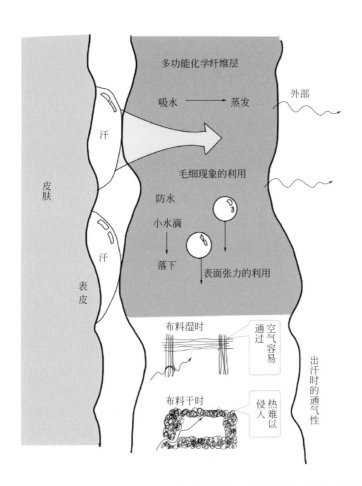

　　身着衬衫，利用毛细现象可以迅速地使汗液脱离皮肤，蒸发消散。同时，蒸发吸热带走了身体的热量。当所出的汗量远超过衣物可能排出的量时，利用防水性或光滑性使汗液流落，并在表面张力的作用下分散。

2-20 保冷剂的构成

外带蛋糕回家时使用干冰，发烧时使用冰枕降温都已成为过去，现在，则是使用大小不到手机的一半、冰冷的、冻得硬邦邦的**保冷剂**。保冷剂可用于生鲜食品的配送或钓鱼时保证鱼的鲜度，或用于美容时的皮肤冷却等，使用范围还在不断扩大。

保冷剂柔软化后能够替代冰枕，或作为运动后护理的冷却剂使用。如果用冰箱的冷冻室保存的话，保冷剂可以重复多次使用，所以是经济的，是家庭处理食品所必需的用品。用于保持冷藏功能的保冷剂称为蓄冷剂。

保冷剂的原料是**高吸水性聚合物**。一般来说，聚合物是指高分子有机化合物，如合成树脂、尼龙及聚乙烯都是聚合物。高吸水性聚合物有着能够储存水的三维网状结构，其蓄水能力极强，一般仅是施加压力的话，是不会漏水的。高吸水性是指物质的吸水量在本身重量的10倍以上，而实际上也有吸水量达100～1000倍的物质。

目前，普及的高吸水性聚合物是无色透明的**聚丙烯酸钠**，可吸收自身重量大约100倍的纯净水。将完成吸水的保冷剂（聚丙烯酸钠）放入冰箱冷冻后，它的温度能够到达-18℃。这一温度足可用于冷藏。从根本上来说，它与冻结的冰块没有任何区别，但因为水被储存于网状结构中又被细化分割，即使温度上升，冷温能量也是慢慢地向外部传递，而且，即使还原到水的状态也不会渗出。由于网状结构不会轻易被损坏，所以可以重复多次使用。

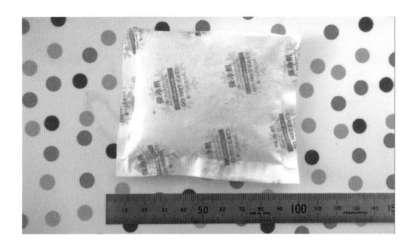

保冷剂的样品

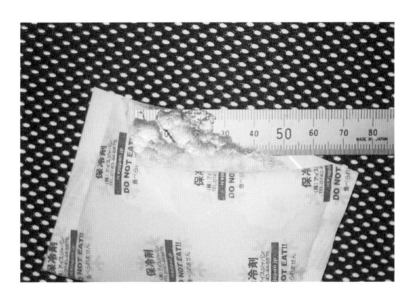

　　释放冷温能量后，保冷剂本身就会变化成为含有液态水分的凝胶状（黏稠的果冻状态）。

能源的形态

　　能源本身是肉眼看不到的，能源可以分为热能、机械能、化学能、电磁能、光能和核能等形态。

　　热能是这些形态中比较特殊的，当物质是气体或液体时，热能表现为粒子的运动；而当物质为固体时，热能则表现为晶格的振动。同时，热能转变为电磁波的形式时向外辐射热量。热能的特征是，粒子运动的速度和方向都是无规则而随机的。但不可思议的是，粒子的运动与特定温度和粒子的重量有关且遵从一定的分布规则（麦克斯韦分布定律），而所有的物质都遵从这一规律。再者，电磁波的波长分布也是对应温度而确定的，称为**普朗克定律**。

　　机械能的形态可以分为直线运动或旋转运动的动能、位能或者势能。**化学能**是分子间结合产生的能量，能量来自不同的分子和原子重新组合而引发的化学反应。另外，还有浓度差能这一形态。**电磁能**则是因为带有负电荷的电子运动而引发的电现象。另外，也会引发磁铁特有的现象。**光能**在可见光领域内具有特定电磁波的一些性质，含有光子这一没有重力粒子的动能。**核能**是由构成原子核的质子和中子重新组合产生的能量，能量存储于称为放射线的α粒子、β粒子、γ射线中。

第③章
厨房内的热量利用

烹饪的关键是如何巧妙地利用热量。只要了解热量的性质，就可以采用小小的技巧，充分发挥食品给我们带来的恩惠。

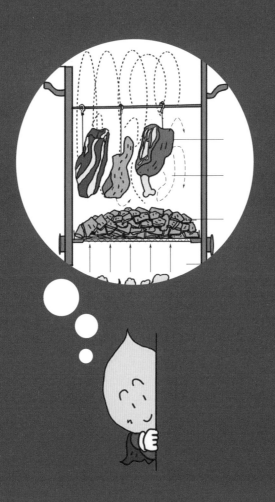

3-01 "烧烤"的优点

　　吃烧烤的食物不仅是为了维护生命而使食物容易入口，我认为烧烤的食物也是"美味饮食"这一饮食文化的开始。

　　烧烤食物的目的是吃美味的食物，不过因为烧烤的食物是以肉类为主，因此，烧烤也有着对食物进行杀菌和消毒的重要作用。一般的细菌在蛋白质发生变质的60℃以上时肯定死亡，但大肠杆菌则要在温度达到75℃以上才会死亡，而想要消灭剧毒的肉毒杆菌则温度必须要达到98℃以上。

　　烧烤可以分为直接烧烤法与间接烧烤法两种方法。直接烧烤法是使用由火焰热放射出的红外线，直接作用于食物上进行烧烤（如有网烤、串烤、烤面包等），间接烧烤法是将食物放在火焰加热的金属板上（主要是铁板），在热辐射和热传导的作用下烘烤，或者盖上锅盖利用热对流等复合形式的热量传递方法进行烧烤（如用平底锅烤、铁板烤、烤箱烤、锡箔纸烧等）。

　　蛋白质的性质随温度升高而发生变化，在58℃左右开始变硬，60℃时完全凝固，68℃左右时开始与水分分离，开始出肉汁。烧烤的最大特点就是在高温下使肉类的表面凝固，并将肉汁封闭在肉中。肉类的热导率是水的70%～80%，因此，相对来说热量容易传递到肉类内部。烹饪最重要的是关注食物的内部温度。

　　利用细胞的收缩随加热速度的变化而变化的特点，能够有效地控制食物的口感，如慢慢地加热能使食物富含汁液而鲜美。在烹饪中，如何能引发出食物的特征，这可要看制作人的（创新）本领。

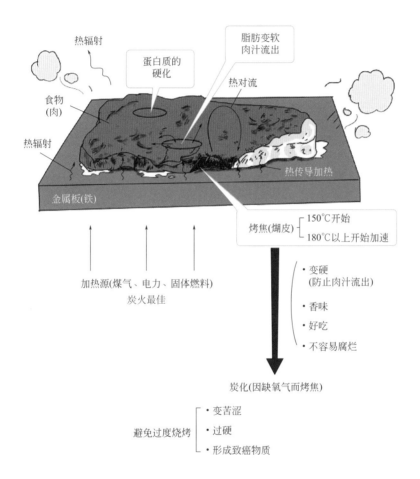

热辐射

蛋白质的
硬化

脂肪变软
肉汁流出

热对流

食物
(肉)

热辐射

热传导加热

金属板(铁)

烤焦(煳皮) ── 150℃开始
              180℃以上开始加速

加热源(煤气、电力、固体燃料)
炭火最佳

・变硬
(防止肉汁流出)

・香味

・好吃

・不容易腐烂

炭化(因缺氧气而烤焦)

避免过度烧烤 ── ・变苦涩
                ・过硬
                ・形成致癌物质

　　在烧烤烹饪中，最希望有能够慢慢加热的加热源。食物表面被加热，热量向内部传递，开始发生蛋白质的硬化、脂肪的软化及水分渗出。其后表面依次开始硬化，在150℃左右就开始出现焦煳。焦煳增加了食物的味道和香气，具有将美味封闭在食物内部的作用。需要注意的是缺氧状态下的加热容易使食物烧焦。

3-02　用备长炭烧烤，食物好吃的理由

说起炭火烧烤，就会联想到备长炭（又称白炭）这种木炭。炭火烧烤的食物味美是因为炭火的火力强，像远红外线热辐射那样，进行长时间而稳定作用下的慢慢烤制。

备长炭是在1000℃以上的高温下将橡木或日本扁柏炭化，再用灰与泥土的混合物包好，慢慢冷却后得到。这种炭的特点是水分少，用乌冈木烧制的纪州产备长炭的分析结果表明其碳（C）的含量高达94.2%，1kg的发热量平均达到30000kJ，具有与焦炭相同程度的火力，能稳定提供将燃烧温度提升至1000℃的热量，如果用炭灰进行覆盖的话，则可以长时间保持500℃的温度。像这样能得到并提供稳定的热辐射，则可以巧妙地烧制食物。

在刚开始烧烤时，炭燃烧出来的1000℃高温的红外线（具有最大能量的波长在2μm）烘烤食物的表面，使表面变硬，将食物中的香味成分封闭在食物中。当炭表面被灰化成分遮住时，热辐射的火力开始下降，辐射出的远红外线具有波长为4～7μm的峰值能量。热辐射时的波长越长，越能渗透到食物的内部。大部分的热量是在热传导的作用下由高温的表面传递到食物的内部，但远红外线的直接渗透效果增加了食物的风味。

用显微镜观察备长炭的断面，就会发现备长炭拥有0.1mm左右的少量细管和大量的微米级细小空洞（细孔）。这种构造有利于炭材与氧气的有效结合，两者紧密地接触使炭充分燃烧。

煤气的主要成分是甲烷（CH_4），燃烧后产生二氧化碳（CO_2）和水蒸气（H_2O）。这种水蒸气一接触到食物凉的部位，就会凝结成水珠附着于食物上，从而降低食物的风味。使用炭火不仅不会降低食物的风味，还能够

激发出食物本身的风味。

炭的缺点是点火需要的时间太长，这是固体燃料所无法避免的。从点火到形成稳定燃烧需要1h左右的时间。而且在这个过程中，有可能会产生一氧化碳（CO）这种有毒的气体，所以切记要在室外等能够换气的地方使用炭火。

图示为备长炭的外观。用备长炭相互敲击，会发出金属的敲击声。它的硬度接近铁。因为炭的内部有很多的细孔，具有容易吸收周围水分的特性。消臭剂等也是利用了炭的这一特性。

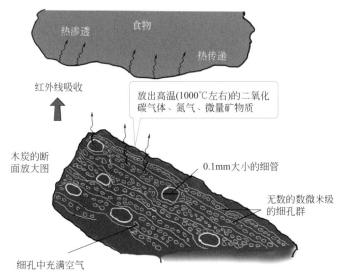

根据备长炭的微观构造，它能使炭与空气的接触十分密切，能完全燃烧。1000℃高温下辐射的红外线或被灰覆盖状态下的远红外线辐射都能稳定地加热食物。

3-03 "蒸"的优点

　　"蒸"这种烹饪方法是将食物放在接近100℃的水蒸气（蒸汽）中均匀加热。它以天然气或电力为热源使水沸腾，水沸腾产生的水蒸气围绕食物，经过一定时间的加热进行烹饪。水在一个大气压下的沸点是100℃，水为什么在温度上升后会由液体变为气体呢？这是因为如同绳子般连接液体状态下的水分子的物质被切断，水分子分离并扩散，成为水蒸气。当然，切断连接水分子的"绳子"需要相当大的能量，这个能量称为**蒸发潜热**。水沸腾时，能量只被用于切断液体状态下的水分子之间的连接，而水本身的温度不会上升。温度不发生变化，而物质状态发生重大变化（某一相变成另一相）时吸收或放出的能量称为**潜热**。

　　利用水蒸气含有的巨大能量和温度不上升的性质进行烹饪有着以下优点。

　　第一，在100℃的温度下加热食物，可以减少蛋白质、维生素及无机物从食物中流出；

　　第二，能够将非常软和一碰形状就被破坏的食物在蒸汽中一动不动地均匀加热；

　　第三，水蒸气变回水时，凝固放热而缩短了烹饪时间。

　　另外，这种烹饪方法重复性高，不容易失败。

　　在烹饪中，需要注意的是防止用来产生水蒸气的水被烧干。另外，如果将产生水蒸气的水与食物放置过近，蒸发前的高温水碰到了食物，就不能蒸好食物了。

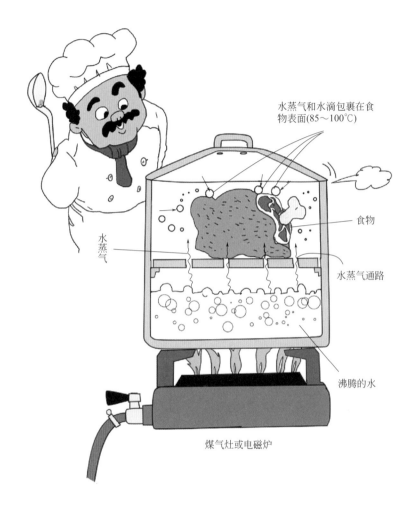

水蒸气和水滴包裹在食物表面(85～100℃)

食物

水蒸气

水蒸气通路

沸腾的水

煤气灶或电磁炉

　　图示正在蒸着的食物被水蒸气和水滴的混合体所包围。这是因为一部分水蒸气被周围夺走了热量而变为液体，成为小水滴混在水蒸气间。正因为这一点，灵活地利用这个状态，就能在略低的温度（85℃左右）下实现食物的蒸制。

3-04 蒸发和沸腾为什么有区别?

对于物质的状态都是从液体变化到气体这一点来说，**蒸发**与**沸腾**是相同的。在发生变化时，都需要蒸发潜热这点也是相同的。两者不同之处在于：在热量不断供给的过程中，蒸发是只发生在液体与气体接触表面的现象，而沸腾则是在液体内部和表面同时发生状态变化，产生小水蒸气泡的现象。

我们以水为例解释一下吧！水的蒸发是发生在水与空气接触的水面上。在周围的气压和水的温度的作用下，水面的水分子离开液体变化为水蒸气，逐渐飞跃到空气中。

沸腾则是水在水中从液体内部和表面同时转化为气体（水蒸气）的现象。因微小的气泡和灰尘等细微粒子混在水中，使水的结构发生紊乱，水分子变得容易从水中剥离。于是，当达到满足蒸发的温度时，就成了引发**相变**的起因。部分水从周围的水中得到热量，不断地破坏水的液体构造，成为微小的水蒸气泡。当水蒸气泡的直径达到数毫米时，在浮力的作用下开始浮起向水面上升。这种小水蒸气泡不断冒出的现象称为**核沸腾**（或泡核沸腾）。

那么，加热不含有空气的纯净水到高温，又如何呢？因为水中不存在能成为小水蒸气泡核心的固体粒子，保持原封不动不产生水蒸气泡的水则只吸收能量而形成过加热状态。这种过加热的水会在某一瞬间没有任何征兆地喷溅出大水蒸气泡，大水蒸气泡突然喷溅出水面是非常危险的。这个现象叫突沸。为了避免发生突沸现象，可以使用浮石或陶瓷片等含有大量小孔的物体（沸腾石）。这是因为沸腾石的小孔内有气体，在水的加热过程中易于产生水蒸气泡，形成水的沸腾。

在由液体变化到气体的相变过程中，会引发相当大的体积变化。对于水，其体积有约1600倍的变化。

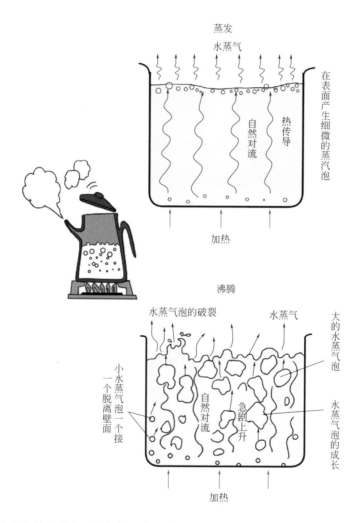

蒸发是水蒸气从水的表面脱离的现象。沸腾也是与蒸发一样发生了从液体到气体的变化。但是，如果液体中黏附有空气粒子之类的"垃圾物体"的话，液体的水分子就会以此为契机变化为气体，成长为浮力足够大的水蒸气泡，与空气一起离开液体，脱离表面进入空气中。

3-05 "煮"的优点

　　"煮"的烹饪方法是使坚硬的食物变软，成为容易消化吸收的食物。在一个大气压下水的沸点是100℃，因此采用"煮"的烹饪方法时，水的温度是不会高于100℃的。在100℃的温度下，绝大多数的有害细菌都会被杀死，所以我们能够安心地食用食物。温度的变化会造成食物色泽的变化，从而影响食物外观。但相反地，也有的食物因为"煮"而显现出鲜艳的色泽。

　　"煮"的烹饪方法是指在水中放入调味料进行加热，可使食物获得所希望的味道，水溶性的营养成分也会溶于水中，利于人体吸收。只用水煮食物的时候，常称为焯水。焯水常作为烹饪的第一阶段，用于去除食物的苦涩味。

　　土豆、胡萝卜、西红柿、肉类等的密度比水略微大些（相对密度为1.04～1.07），豆类的相对密度是1.2左右。这类食物在"煮"的过程中，会因浮力的作用而呈现为浮在水中的状态。其下面的水因加热而变成高温，变轻而向上方移动，其上面相对冷的水被压向下方，形成热对流。在热对流的作用下烹饪效率提高了，但高温的水会剧烈地流动，因此，要特别注意避免食物被煮得裂开。

　　在煮的过程中，食物基本上是完全泡在水中的，水的温度超过90℃时，水中就会出现水蒸气泡，一部分水会沸腾起来。如果继续下去，水中就会开始剧烈地形成水蒸气泡，热水如被晃动一样横冲直撞，水蒸气泡的产生也更加剧烈。在60℃以上温度时，食物中的蛋白质成分开始凝固，脂肪成分开始溶解，植物纤维变软。

利用"煮"来烹饪食物需要注意的是伴随水分的蒸发，汤汁会被浓缩，水的蒸发量与锅的大小和食物的量有关，因此，我们需要选择适当的方法进行"煮"的烹饪操作，如敞开锅盖煮、盖着锅盖煮或者密封起来煮等。

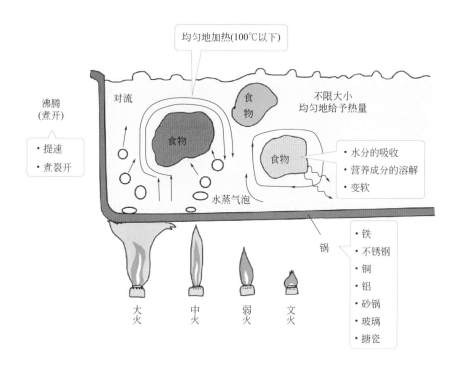

"煮"的烹饪方法中，热传递是在自然对流和沸腾的搅拌作用下进行的。水的温度因水沸腾温度的限制不会超过100℃。按照菜肴的需要调节火力，避免汤汁过度沸腾。虽然锅的材质有很多种，但常用的是经过表面处理的铁锅和铝锅。

3-06 "炒"的优点

　　"炒"是在已加热的锅中放入少量的油（有时是黄油或蛋黄酱），再用旺火加热，并在短时间内快速地翻动锅里的食物使其成熟且调味均匀的烹饪方法。"炒"是在高温下短时间迅速烹饪，这样可以使食物表面清脆，在尽量不损坏食物的味道和食物中维生素等营养成分的情况下将其封闭在食物中。这一过程主要是靠高温的油膜实现，高温的油膜包裹住食物，使水分迅速从食物的表面蒸发。

　　炒制时，油的温度一般为160～180℃左右，有时也可达到200℃。在这个高温热量的作用下，食物表面层的水分（迅速达到100℃）迅速蒸发，并被排出到外部。由于水的蒸发潜热是1g液体的水温度升高1℃所需热量的500倍以上，因此，即使是高温的油，也只能去除食物极薄的表面层的水分。从油所含的热量和水的蒸发热之间的关系可知，油与水接触一次的水蒸发量还不到油量的6%。因此，使用铁锅可以方便、快捷、均匀地翻炒，使食物能不断地与新的高温油膜接触。为了在尽可能短的时间内完成烹饪，应根据食物的类别与烹饪的目的来调整翻动的时间。翻炒过程中为了快速向外排除蒸汽，通常不盖锅盖。

　　"炒"的烹饪方法在短时间内就能完成，使用的油量也少，是一种经济的烹饪方法。它适合于富含怕热的维生素（如维生素A、维生素E、维生素C、维生素B_1等）的绿叶蔬菜、肝、猪肉及蛋黄等的烹饪。虽然没有特殊的不能炒的食物，但是，透热性差的或难以入味的食物需要事先进行处理，如进行改刀等。由于炒菜过程中，细小油滴会飞溅到周围，如果不及时处理的话，以后清除起来会很麻烦。

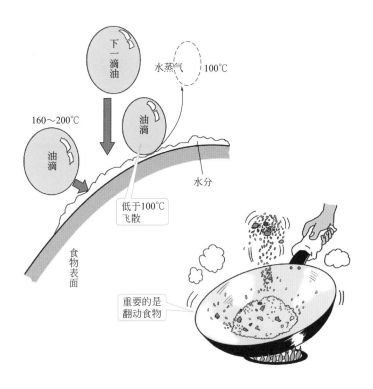

11g橄榄油加热到180℃时，只能够除去面积为1cm²、0.6mm厚的水膜。所以必须不断地翻动食物，让食物表面充分接触到油。

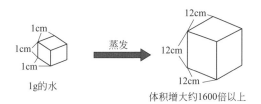

液体的水转化成水蒸气，体积将增大约1600倍以上。

3-07 "炸"的优点

　　"炸"是将食物放在高沸点的油液中进行加热的烹饪方法。"炸"的烹饪方法能够快速地除去食物中的水分，高温作用下，蛋白质变质，带有焦棕色泽，能够激发食物中的香味成分。总之，高温使食物从表面开始变硬，增加了食物内部的成熟度及柔软度，且不会有营养和香味成分的流失。另外，油炸的食物含有高热量的油，使其含有的热量值更高。

　　"炸"的烹饪方法是使用植物性油（菜籽油、大豆油、玉米油、芝麻油、橄榄油等），在150～180℃的高温下，在较短的时间内进行烹饪的方法。高温的油包裹住食物，在热对流和接触产生的热传递的作用下，快速地从食物的内部进行烹饪加工。食物含有的水分变为水蒸气后被除去。因为这种方法使食物先从表面变硬，因而，能够有效控制食物内部的温度，保证食物最为鲜美（肉类最为鲜美的温度在65℃左右），形成外焦里嫩的口感。

　　从热量的角度来说，使用油时需要注意的是，油与水不同，油加热时会稳步升温。油的**着火点**在370℃左右，只要有氧气（空气）就会燃烧起来，因此，必须注意调节火力，控制好锅中的油量，选择合适的锅型（使食物在一定温度下的保持形状），选择适用的锅的材质，以及在油炸烹饪过程中适当翻动食物等。另外，从油的发烟点来说，也必须控制好温度。油的发烟点是指油开始冒烟的温度，它是油开始分解的温度。芝麻油的发烟点是180℃，橄榄油的发烟点是210℃，油的发烟点因油的种类不同而不同，而且，使用过的油的发烟点会降低（变得易燃）。

1g油中平均含有9.21kcal（38.6kJ）的热量。附在食物上的油量因烹饪方法不同而不同，与食物本身的重量相比，油含量按照清炸（3%～5%）、干炸（6%～8%）、裹面炸（15%）的顺序增加，据说裹上面包粉的油炸食物的含油量可达食物本身重量的15%～20%。

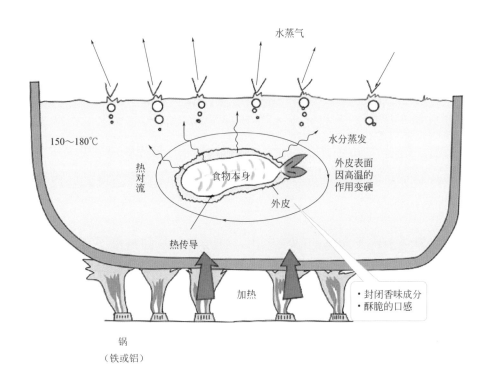

通常状态下，使用150～180℃的油，均匀地包裹住食物，将食物内部的水分强制蒸发并除去。"炸"的烹饪方法能使食物表面变硬，热量渗入食物内，将香味封闭在食物内部，从而得到独特的表面酥脆的口感。

3-08 "熏"的优点

熏制食物是将食物放置在特定的木材燃烧的烟气中熏烤烹饪，是一种传统的保存食物的加工方法。

相信很多人都有这样的经验，因露营等使用树林中收集的枯木枝生火时，很难燃烧起来，只会不停地冒烟。这是因为即使物质到达了着火点而起火，但因物质中所含有的热量少，而又被周围物质夺走，于是温度马上又下降到着火点以下。

木材是有机物，在植物纤维层之间含有各种物质。这些物质的着火点温度是不一样的，即使有些物质到达了着火点，但如果调节火力的话，可以控制物质不燃烧，而只是使水分和挥发成分混入空气中。樱花木、橡木（楢木、柏木）、山毛榉、苹果树、核桃树（山胡桃木）等树木本身就有香味，熏制时，烟气中会含有独特的香味，也会含具有杀菌和防腐效果的成分。

食物放置于这类木材的烟气之中，烟气与热量同时慢慢从食物的表面渗入，在烟气中含有的香味和有效成分的作用下，就能够得到具有独特风味的食物。这种**熏制**食物的方法称为**温熏法**。温熏法是将食物在温度为30～80℃的烟气中放置数小时的烹饪方法，可根据食物的种类和喜好来调整熏制过程的温度和时间。除了温熏法以外，还有将食物放置在温度低于温熏法的烟气中的**冷熏法**和使用80～120℃高温烟气的**热熏法**。

熏制能提高食物的香味和颜色，又会产生独特的香味，有些食物还能够得到长期保存。

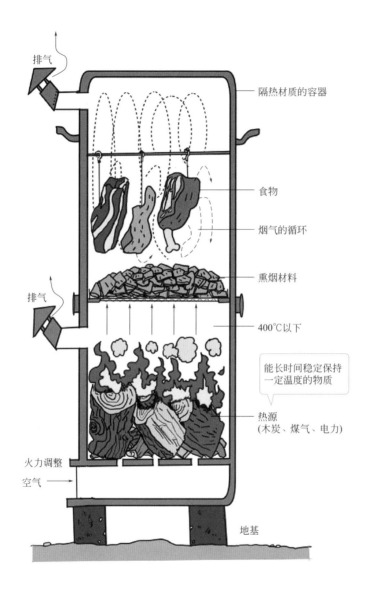

排气

隔热材质的容器

食物

烟气的循环

熏烟材料

排气

400℃以下

能长时间稳定保持
一定温度的物质

热源
(木炭、煤气、电力)

火力调整

空气 →

地基

　　熏制用的熏窑具有在最佳的温度下，使发烟的木材（熏烟材料）缓慢均匀地产生烟气并稳定加热的结构。木炭、煤气、电力等热源非常适宜。质地纯净的木炭的着火点是320～370℃，控制其空气的进量就能够稳定地进行温度调节，而且容易产生适当的有机物的微粒子，在30～120℃范围内，可以保持食物所需要的熏制温度。温度控制的重点是保证熏烟材料的温度达不到木材着火点（400～470℃）温度。

3-09 使用砂锅的理由

砂锅主要用于炖菜。因为砂锅实际上是陶器（压实土成形后烧制的），其热导率很低，容易破碎，因而壁都做得比较厚。推荐使用圆底的砂锅，外凸鼓起的盖子也是很重要的。

炖菜最重要的是要使热量均匀分布在食物的周围，由于是花费很多时间的烹饪方法，需要使用能耗效率高的锅。

圆底的砂锅，来自于锅底部的火焰向周围传递，使均匀加热的面积变大，锅中的温度分布较均匀。这也是有效利用了来自外部的热量，对于需要长时间加热的炖菜来说，节能效果显著。

砂锅具有吸收的热量不易散发的特点，这是因为砂锅的热容量很大，热容量（即可存储的热量）与锅的材质的比热容和锅的重量成比例。因为陶器的比热容比铁的2倍还大，而且锅体也厚，因此，砂锅很重，以致其热容量大到难以冷却的程度。另外，加热砂锅需要花费很长时间，但是其烹饪过程的时间比较漫长，所以，加热所花费的时间对整个烹饪过程的影响很小。

锅中的水是慢慢形成热对流的，不会损坏食物的形状。

外凸鼓起的锅盖能防止蒸发的水蒸气流到锅外，从而使水蒸气有效地进行对流，再利用其热量。而且，这对于保持汤汁的浓度也有一定的作用。

锅盖上部的把手如果开有缝隙，则起到与翅片相同的作用，可促进散热，这样，把手的温度不会太高，从而便于我们拿起锅盖。

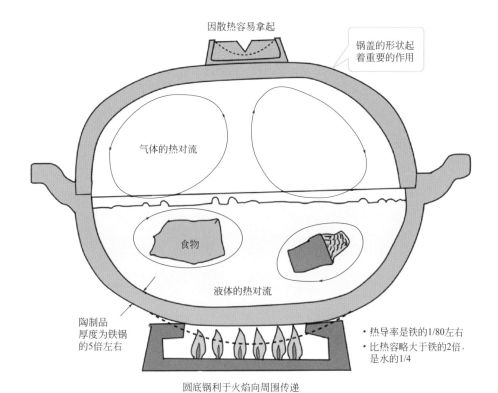

因散热容易拿起

锅盖的形状起着重要的作用

气体的热对流

食物

液体的热对流

陶制品厚度为铁锅的5倍左右

· 热导率是铁的1/80左右
· 比热容略大于铁的2倍，是水的1/4

圆底锅利于火焰向周围传递

砂锅通常用于炖菜。常采用能够均匀加热的圆形锅底。圆形锅底可以在容积效果范围内减少需要的水量。锅内的加热由汤汁的热对流和汤汁上部的气体热对流进行，适用于长时间烹饪。砂锅具有热容量大而难于冷却的特点。

市场上似乎开始有了使用多层金属制造的具有砂锅特点的金属锅。说是在电磁炉上也能用，说明时代在进步啊……

3-10 推荐使用高压锅的理由

需要花费较长时间炖煮的食物，如果使用高压锅就可以在短时间内完成烹饪。虽然水的沸腾温度在1个标准大气压下是100℃，但如果改变压力的话，沸腾的温度也会随之改变。压力锅正是利用了这一性质，才能够实现缩短烹饪时间的。

大多数食物都含有大量水分，都由碳水化合物、蛋白质以及脂肪等成分组成，这些成分在加热到达一定温度后就会变为人类容易消化吸收的状态。食物中所含有的维生素、无机物等物质耐热性差，这一点在使用普通锅的烹饪中也是一样的。另外，增加压力、提高温度有利于提高杀菌效果。

将水置于2个标准大气压的环境下，沸腾的温度就变为120℃左右。如要将沸腾温度提高到130℃的话，需要2.66个标准大气压，而到150℃则需要4.7个标准大气压。因为烹饪中使用过高的压力是很危险的，所以目前用于烹饪的最高压力约为2.45个标准大气压（沸腾温度128℃左右）。对水施加高的压力，尽量在液体的状态下加热食物，将脂肪、蛋白质及碳水化合物分解成低分子结构的形式，破坏食物的细胞壁，进而使其成为水溶性，使其溶于水中分解为易于食用又容易消化和吸收同时可在短时间内完成烹饪的物质结构。

高压锅烹饪过程中，既有高温又有压力，因此使用时一定要小心。在使用高压锅进行烹饪时，要依照以下顺序进行：点燃煤气（电压力锅则是合上开关），开始加热→压力调节功能因蒸汽压力而开始起作用的加热过程→持续增加压力的加压过程→关火→在高温高压状态下的自然蒸焖过程→温度一直下降，使压力下降到1个标准大气压左右的减压过程。直径18cm左右的小型高压锅，在内部压力达到2个标准大气压时，锅盖整体会被施加大约250kgf的力。因此，必须先对高压锅内部进行减压，待压力下降后才能打开锅盖。使用高压锅进行烹饪时，加热时间可缩短为用普通锅的加热时间的1/4～1/2，而且它处于封闭保温状态，因此还可以有效地节约能源。

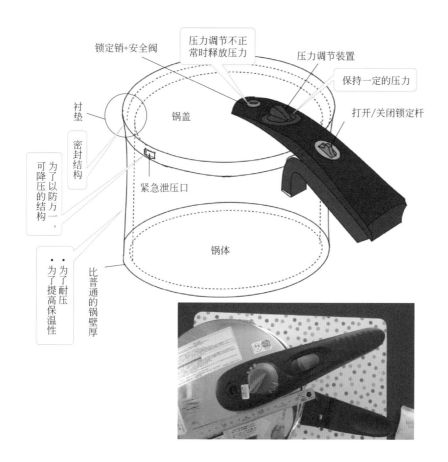

压力锅是在约2个标准大气压下加热食品，温度上升到100℃以上，烹饪时间只有普通锅的1/4～1/2。压力锅具有耐高压的气密结构，为了安全地烹饪，装有压力调节装置和安全装置，烹饪完成后要打开锅盖时，必须确认锅内的压力已充分下降。

3-11 电磁炉是如何实现加热的?

　　IH（Indirect Heating 的缩写）炉灶即电磁炉，是利用**感应加热**的原理来产生热量的。现在，我们来说说感应加热的原理。准备两根电线A和B，电线各自形成回路，即A回路和B回路，使两回路靠近。当在A回路中通有直流电时，则电线A周围就会产生磁场，这时，即使在B回路中接入电流表，形成闭合回路，电流表也不会有变化。当切断通有电流的A回路的开关时，这一瞬间B回路中的电流表指针发生偏转。这就是说，B回路中有了电流流通，这就是感应电流。改变A回路的电流方向，切断电流的瞬间，电流表向反方向偏转，这个电流称为**涡电流**。如果电流表连接的B回路具有电阻的话，电流在这个电阻的作用下会变为热量，如同加热器一样，这就是感应加热。

　　电磁炉中产生磁场的电线以线圈（将电线一圈又一圈地盘成螺旋状来增加磁场的强度）的形式存在，即励磁线圈。每秒通断电流20000～50000次，在锅底产生的涡电流变成热量，从而实现电磁炉的烹饪功能。锅底要因流过涡电流而发热，所以锅底的材料必须是满足一定条件的金属材料，一般情况下锅底使用铁质材料。为了提高加热效率，励磁线圈要尽可能靠近锅底，锅底的材料选择也要适当。投入的电力与获得热量的关系称为热效率，电磁炉热效率可达85%左右。通常使用称为**高频逆变器**的回路进行电流通断的切换，加热温度取决于高频逆变器每秒钟切换的次数（称为频率）。

　　电磁炉的优点是不直接使用火。虽然烹饪结束后，锅的底部会变热，但这是因为烹饪过程中的加热食物和整个锅体的温度。目前，已有IH电磁电饭煲，这种电饭煲不仅在锅底，而且在锅的侧面和盖子上都装有励磁线圈，力图巧妙地实现温度均一化。

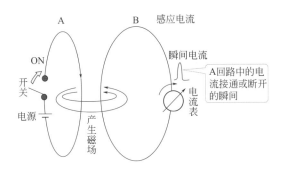

A回路中开关启闭瞬间会引发磁场的变化，而这个变化会引发B回路产生感应电流。

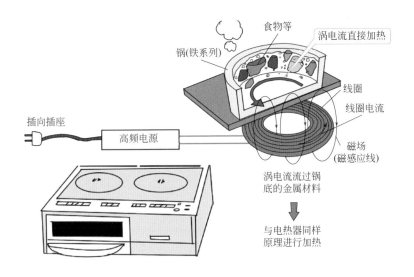

感应电流在具有电阻的金属中流通时，它的发热原理与电热器的发热原理相同。

3-12 微波炉为什么能够进行加热?

微波炉是利用**微波**(一种电磁波)直接作用于食物内部的水分,将电磁波的能量转换为热量,从食物的内部进行加热。

电磁波的能量在真空中传递不会有任何损失,但是与物体碰撞后会发生反射、吸收、透射,具体取决于电磁波的振动次数[波在1s内完成的周期性变化的次数称为**频率**,单位是Hz(赫兹)]和物质的电气特性。

在日本的电波法中规定了用于微波炉的电磁波使用频率为2.45GHz。在这一电磁波的振动与食物中所含水分子团的电气特性(极化)的相互作用下,食物中的水分子团之间的分子也随之振动并产生摩擦,进而产生了摩擦热。

这个频率的电磁波,一旦碰到金属就会发生反射,碰到绝缘物则发生透射。当然,空气只要去除了其中的水分,就会发生透射,所以空气不会影响电磁波的传播。由于电磁波具有数百瓦(瓦特)到1kW级的能量(每秒所具有的能量),所以使用称为**磁控管**的发射器,通过天线向微波炉中的食物进行照射。磁控管的发射效率大约为70%,微波炉整体的加热效率为50%左右。

因为电磁波是作用于水分子的,所以其加热温度的上限就是水所能达到的100℃。电磁波的加热是使由表层到内部的所有的水分子均发热,避免了食物表面的加热不均性。为了使电磁波可以均匀地进行照射,通常将食物放置于旋转的转盘上,或者反射及搅拌(斯塔拉风扇)微波电场等。这样一来,食物中心部位的温度就变高了。根据食物的不同,微波炉的加热时间会不同,这主要是因为食物的电气特性不同,但也受食物状态的影响,如盐分多的加热时间就会缩短,越干燥的加热时间就会越长。

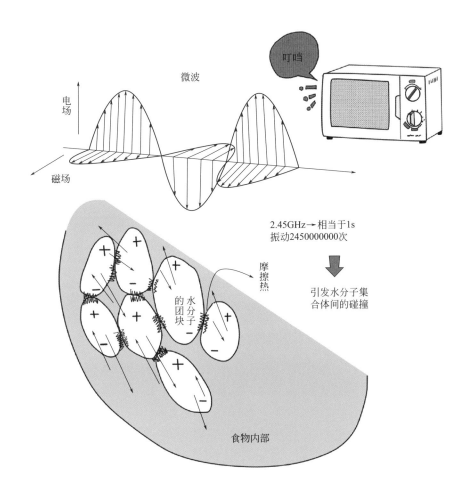

振动频率为2.45GHz的微波能够有效地作用于水分子的集合体，而这个集合体的动能就转换为热量。当电磁波的频率与这一频率产生较大偏差时，就不能充分地进行加热。智能手机的通信频率范围是0.7～2GHz，从频率角度来说与微波炉的波段相当接近，但其所具有的能量级别则完全不同。

3-13 冷冻保存食物时需要知道的事情

低温尤其是冷冻食物能够长期地保存食物。但我们所需要的保存不只是单纯的保存，而是要考虑到使用时，能将食物还原到原来的状态进行烹饪。

温度降低达到低温时，可以有效地抑制细菌的繁殖。虽然温度越低越安全，但以保存1年时间为目标的话，冷冻的温度多数情况下采用-18℃。几乎所有的食物中都含有70%～80%的水分，有的甚至达到了90%。没有杂质的纯净水在0℃就结成冰，但细胞中的水分里含有大量的酶或氨基酸等物质。能溶解的物质称为**溶质**，结冰时的温度称为**凝固点**，凝固点的温度与溶质的浓度成比例降低。海水中含有约为3%的食盐，因而在0℃时不会冻结，其凝固点是-1.8℃左右。食物的凝固点为-5～-1℃。

在冻结时，因为物质由液体变换为固体，所以产生**凝固热**。而与凝固热相反的是**熔解热**，这与**蒸发热**和**凝结热**之间的关系相同，都是与物质的状态变化有关。为了将1kg的水冻结成冰，需要从水中释放出335kJ（80kcal/kg）的凝固热。

还有，因为冰的相对密度是0.92，所以水冻结成冰后的体积会增大到原来的1.087倍。如同水冻结后，自来水管道会破裂一样，细胞冻结后，体积也会膨胀从而破坏本身结构。这个过程是无法还原的，为此，物质的冻结也需要采取一定的措施。

冰的结晶生成温度带称为**最大冰晶形成带**。这是指结冰开始的时间点到接近80%的水变为冰的结晶点的时间段，如何能缩短这个时间段是我们最为关注的问题。目前，通过采用**快速冷冻法**将通常需要花费6h的冷冻时间缩短到了30min以内，这样就可以控制冰的结晶体大小，完成高品质的冷冻。

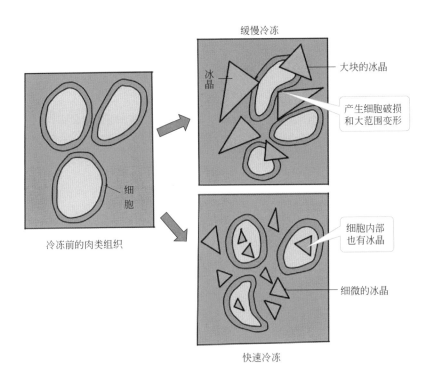

缓慢冷冻

冰晶

大块的冰晶

产生细胞破损和大范围变形

细胞

冷冻前的肉类组织

细胞内部也有冰晶

细微的冰晶

快速冷冻

冻结水所需要的热量与将水从0℃提升到80℃的热量相同。周围的水吸收这个热量所要花费的时间，决定了冻结时间。在-18℃之前冻结100g的水（大多数食物的70%～80%都是水分），若花费6h的话，则需要2.3W的热量，但是如果只想花费30min完成冻结的话，则需要276W的热量。在慢慢冻结（缓慢冷冻）的过程中，冰的结晶会变大，向细胞外面生长进而破坏细胞。在快速冻结的过程中，因为细胞的内外都会产生细微的冰结晶，所以，对解冻食品的损伤也很小。

3-14 水在0℃以下也有可能不结冰？

这一答案是肯定的。确实，采用一般的冷却方法，水在0℃会变成冰，这是因为对于水来说，这个状态是最稳定的。但是，在特殊情况下也有0℃以下水不结成冰的现象出现。这种现象发生的原因是水分子的集合体在0℃以下也能处于暂时的稳定状态（处于**亚稳定状态**），这种状态称为**过度冷却**。这一现象不是稳定的状态，如果从外部对过度冷却水施加振动等物理刺激的话，过度冷却水马上就会转换成原来的稳定状态的冰。

在从外部使水冷却而开始冻结的过程中，发生过度冷却现象是有其规律的。水冻结需要凝固热（与熔解热相同），为了冻结1kg的水所需的能量是将水升高1℃所需能量的约80倍，需要335kJ的热量转移。采用通常的冷却方法使水冻结时，小的水分子集合体会被急剧地掠夺走大量热量（被冷却），这种现象在多处发生，于是就产生了小的冰沙状的团块。这些团块凝聚到一起逐渐变大，形成整体的冻结。相对于上述过程，过度冷却时则是非常缓慢地进行冷却，不会形成冰沙状的微小冰粒，水是作为整体而被均匀地同时吸走了热量。

据说水能够发生过度冷却现象的温度限制是-40℃（称为限界温度），在这一温度以下则无法制造出过度冷却水。在自然界中，据说云层中细小的水滴就是以过度冷却的状态存在的。**冰蓄热方法**就是人工制造过度冷却的方法，或者可以将此作为通过降温来保持食物原始状态的方法。

含有大量水分、细胞脆弱的食物，如魔芋等无法冷冻保存。鲜鱼的理想保存方法也是要抑制因冷冻造成的细胞损伤，减少含有鲜味的水分的流失。一般来说，低温保存是为了抑制腐败细菌的活动，但是利用过度冷却现象不冻结细胞而形成低温状态，则有可能同时满足维持食物的品质和长期保存。

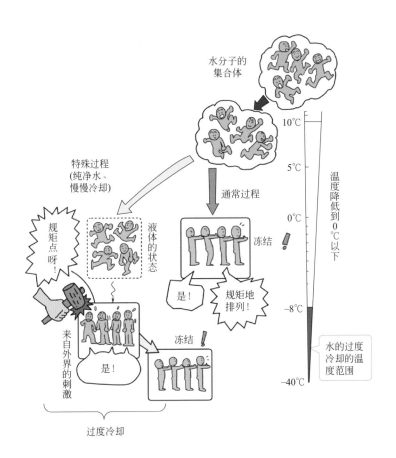

冷却液体状态的水时，一般情况下它在0℃冻结。但是，慢慢冷却煮沸后的纯净水时，即使超过了0℃，纯净水还是液体的状态。这就是过度冷却现象。在从外部给予冲击等微小的刺激下，过度冷却水就会转化为稳定状态的冰。

3-15 冷冻冷藏冰箱的工作原理

冷冻冷藏冰箱具有可低温保存食品、饮料以及水类的功能，还有冷冻保存的功能。冷藏冷冻的方法有很多，但目前主要是利用**相变**的性质，即当液体转化成气体时会从周围摄取热量的性质。这个热量称为蒸发热，又称为**汽化热**。

冷藏冷冻冰箱正是利用了这种性质，它的工作原理与空调相同。但是，利用方式有所不同，如空调的温度等级较低，它是在某种密封的状态下进行降温等。冷藏冷冻冰箱与空调相同的是不断地再利用所用的液体介质，使其在装置中循环。这个过程称为**制冷循环**，又可称为**压缩式制冷**（制冷机循环）。

制冷循环由4个装置完成，这些装置使低沸点的介质在低温环境下也能变为蒸气，能形成循环。

低温低压的液体被送入**蒸发器**，这一液体从周围吹入的空气中获取热量而汽化，用这个过程中产生的冷气来冷却或冷冻冰箱中的物品。转化成气体的介质在**压缩机**中转变为高温高压的气体，之后被送入**冷凝器**。高温高压的气体在冷凝器中被夺走了热量，又被冷凝成液体。虽然介质温度已经接近常温，但仍然处于高压状态，所以需要通过毛细管部（减压器），高压的液体在通过大量的微细管道的过程中实现了减压，作为低温低压的液体被送入蒸发器。这就是制冷循环的整个过程。

蒸发器可以说是起到了冷却器的作用。蒸发器产出的冷气按比例被分配到冰箱的各个功能室中。一般的冰箱分冷藏室、冷冻室、蔬菜室，但现在的冰箱还设有软冷冻室等。为此，现在也有了多个蒸发器（冷却器）的冷藏冷冻冰箱进入市场。

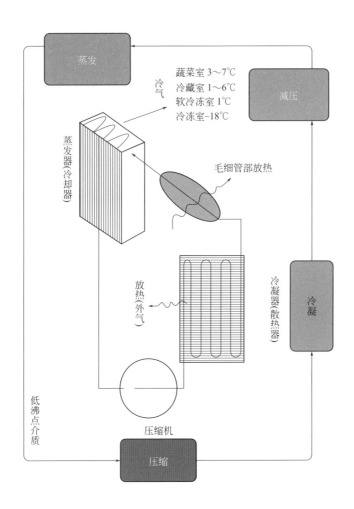

本图解释了冷藏冷冻冰箱的制冷循环。利用吸热反应使冰箱内的空气形成冷气，具有了冷冻食品的功能，一般情况下在-18℃左右（也有超过-20℃的）就能完成冷冻。

3-16 食物的最佳解冻方法

为了保存食物而将其冷冻后，若选择了错误的解冻方法，就会失去难得的食物的风味。为此，解冻最重要的是从食物以及烹饪的目的出发，选择最适合的方法。

解冻就是在加热的作用下将冰还原成水。加热的方法可根据被冷冻食品的温度（一般是-18℃）和加热温度之间的温度差来分类。按照温度差由大到小排列：**快速加热解冻**（热水、微波炉、电磁炉、烤箱）、**常温解冻**（室内、室外）、**自来水的流水解冻**、**冰箱内解冻**（食物保存室、蔬菜室）、**冰水解冻**。按照解冻的食物和加热源的接触方式进行分类，则可分为**直接加热**和**间接加热**。

据说，理想的解冻方法是能够提供食物中的水分均匀稳定地进行相变（指冰转化为水）的温度环境。除了微波炉之外，其他的解冻方法都是在解冻热源和食物之间，通过热传导或者对流传热方式进行热量传递，解冻从表面逐渐到内部。从均匀稳定地进行解冻这一点上来说，冰水解冻是最好的解冻方法。冰水解冻方法中，最好的解冻方式是缓慢搅拌冰水使其保持在一定温度下进行。针对解冻后的食物细胞被破坏、风味成分流失的问题，可以用炖菜的烹饪方法来解决，即将冷冻食物与其他食物一起进行炖煮。

微波炉所使用的电磁波的波长适用于液体水的加热，但对于冰的加热不适用。因此，用微波炉来进行的解冻是分部位的，食物开始流出水分后，出水部位容易被加热而导致食物加热不均匀。特别需要注意的是有些食物可能会出现严重损害风味的情况。

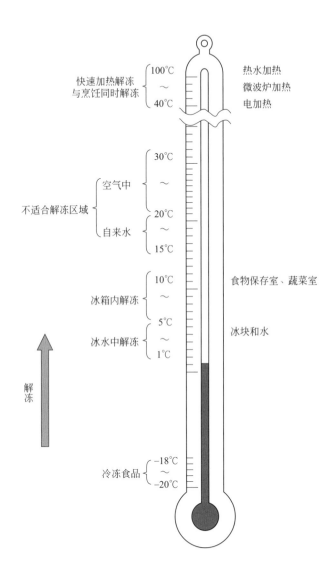

简单地说，解冻是指将食物还原到冷冻前的状态。为了保证食物的形状、味道和口感，最稳定的解冻方法是冰水解冻。另外，快速加热解冻以及与烹饪同时解冻，就某些食物来说是最大限度地体现了冷冻保存价值的方法。

拓展阅读 3

"向烧红的石头浇水"会出现什么现象？

在日本的谚语中有一句，"向烧红的石头浇水"。我们从向烧红的石头上浇少量的水，石头温度也不会下降这个现象，能够引申到：微弱的努力或帮助不会起到有效的作用。

如今，烧红的石头对我们来说是陌生的，你可能无法理解。但在我们生活中，有着相同的状态，如酷夏中晒热的汽车前盖，或者在夏天海边游玩时热烫的沙滩。还有，在烹饪器具中的砂锅。

在现实中，向烧红的石头浇水会出现什么现象？我们计算一下，向300℃的石块（50kg）浇上15℃的1L水时，温度会如何变化。岩石和水的重量比是50∶1，计算得到：向岩石浇上1L的水，300℃的石头降温到230℃，温度下降70℃左右。

石头和水，它们在物质内部存储的热量（热容量）不同，在单位重量上水存储的热量是石头的5倍左右，这个影响非常大。另外，水在100℃蒸发的时候会从石头上摄取大量的蒸发热（称为潜热）。因这两点的作用，热容量的贡献会下降大约20℃，潜热效果会下降50℃左右，于是合计温度降低70℃。

利用这个性质，冷却汽车前盖时就没必要使用大量的水，重点是不要一口气浇水，薄薄地喷洒效果会更好。

第④章
人类、动植物与热的关系

在生物的进化过程中，生物的生存有时需要与热相争，有时需要借助热的力量。本章介绍生物与热之间的微妙关系。

4-01 为什么需要维持体温？

人类身体保持适当的温度是保证各种器官的正常运行，以及在多种病原菌的包围中守护身体的必要条件。人类为了维持生命和活动，从食物中摄取蛋白质、脂肪、碳水化合物和维生素以及微量的无机质（矿物质），制造出能量。据说日本人的平均体温（内部体温）是36.89℃，为了维持这一体温，需要消耗摄取能量的75%。

属于哺乳动物类的人类体温大致是恒定的。哺乳动物类的体温如果每上升1℃，感染细菌的种类就减少4%～8%。人类的体温大致保持在37℃，需要与存在于体内的数百种病原菌进行斗争。为此，为维持体温而进行的能量摄取是必不可少的。

当体温不能保持正常而是降低到36℃以下时，人的免疫力就会降低。很久以前的生活经验告诉我们"在患感冒时，要喝热的东西，使身体温暖"，这也是有科学依据的。相反，如果人的体温超过42℃，在体内起着内脏器官机能的调整作用的**氧气**就会减少，人的生命就会处于危险之中。

维持生命所必需的能量称为**基础代谢**。基础代谢因人的性别和年龄有所差异，成年男性一天为1500kcal（约6300kJ）。在日常生活中，人们从饮食中摄取的能量必须达到这个量的1.5～2倍。

人的体温是由下丘脑进行控制的。沿着体内布满了输送热量的血管，成年人的血管长度达到了100000km。另外，皮下脂肪防止了体温的扩散。

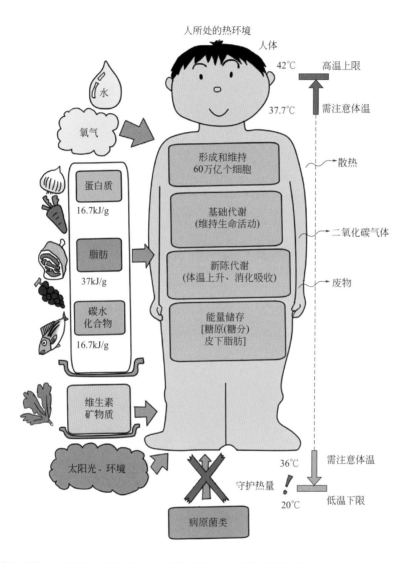

人类在维持60万亿个细胞与机能活动的基础上，还将体温保持在37℃左右，同时积累能量以备紧急情况。体温高一些，能够阻止病原菌的侵入，但过高的话，就会妨碍自身的新陈代谢活动。人类时时刻刻都生活在绝妙的平衡之中。

4-02　体内热能的来源

　　流动到全身每一个角落的血液向体内的各细胞输送氧气。氧气进入细胞之后，与存在于细胞之中的微小器官**线粒体**发生反应，在细胞里产生热能。

　　线粒体是存在于全部真核生物的细胞内部的**细胞器**之一，换句话说，是制造出具有维持生命物质的最小的高性能工厂。血液将人类吃的食物转化成的葡萄糖和空气中的氧气输送到细胞，线粒体接收葡萄糖和氧气，然后，合成维持生命所必须的物质ATP（**三磷酸腺苷**），同时排出二氧化碳和水。这种ATP储存或释放能量，在物质的代谢和合成过程中起重要的作用。在制造ATP的过程中，会产生热能。也就是说，人体内的热能是线粒体活动的副产物，担当着维持人的体温的重要作用。

　　人体的线粒体的尺寸是数百纳米（nm，1nm是1μm的1/1000）。据说人体是由约为60万亿个（40万亿～70万亿个）细胞构成，细胞中，最小的是精子（2.5μm），而最大的是卵子（200μm），细胞的平均直径为10～30μm。因此，我们能够对比出线粒体的大小吧。根据器官和部位的差异，一个细胞含有数十个到数万个线粒体。人体内线粒体的总重量为人体重的10%。

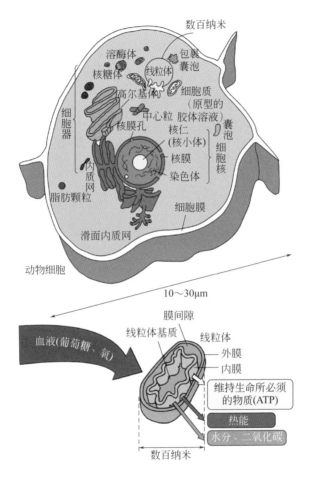

微小的线粒体作为细胞小器官的组成之一，利用物质的化学反应来进行生命物质的制造和能量变换。它从一个个血液细胞中获得氧和葡萄糖，昼夜不停地制造出数量庞大的热能，支撑着人类的身体，提供充足的热能。

4-03 出汗的效果

人身体自然地**出汗**是为了进行体温调节。我们即使不进行体育运动，也会不停地出汗。流汗一是向体外排出热量降温，二是因汗水的蒸发热，进一步降低体温。

身体表层附近的血管能够快速适应外部的环境变化。当天气炎热时，血管膨胀而增加表面积，容易向外部散发热量；感到寒冷时，血管收缩，减小表面积，防止了热量流失。血管的这一作用用于维持稳定的身体内部温度，人体是通过皮肤真皮层（在厚度为0.2mm的坚硬的表皮下面）中的毛细血管输送热，从而进行体温调节的。

汗液分为3种。一是刚才说过的，通过全身出汗发散热量来进行的体温调整（**温热性出汗**）。二是因为紧张而出现的**精神性出汗**。这种发汗集中于手掌和脚掌部位。精神性出汗是出于生物本能的反应，汗水有像瀑布一样流动的现象，也有湿漉漉的冷汗，即使是一种健康的汗水其部位和成分也是有区别的。三是吃了刺激性的食物（辛辣物等），在额头出现的**味觉性出汗**。

出汗的量因个人的体重、运动状态、外部环境（温度、湿度）而变化。例如，体重65kg的人在30℃的室内静坐的情况下，1天的出汗量为3L。中午在室外行走的情况下，每小时的出汗量为0.5 L。汗液是要通过服装向外界散发出去的，出汗量1天为3 L的场合，平时要释放78W的热量，换算到每天的话，就是1614kcal（6760kJ）的能量。出汗关系到人的生命，必须注意及时进行能量和水分的补充。在补充水分的时候，由于人体1h吸收水分的极限是1L左右，为此需要一点一点地频繁补充。

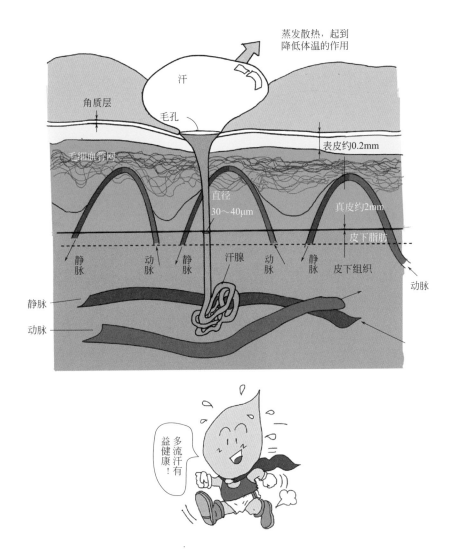

人体约有300万个分泌汗液的汗腺，汗腺的分布密度因身体部位不同而有所不同，手掌的汗腺分布密度最大。进行热量交换的汗腺呈螺旋状，直径为30～40μm，存在于真皮或皮下组织中。汗液向体外携带热量，在皮肤表面蒸发，汗液蒸发时从体表摄取热量，降低了体温。

在寒冷地域生息的动物身体表面覆盖着的毛可以分为两种，一种是露在外部的（上毛），称为**长毛**，另外一种是被长毛遮住的短毛（下毛），称为**绒毛**。长毛粗而长，具有弹性和耐水性，起到在雨、雪以及雨夹雪等中保护动物身体的作用；绒毛是像棉花那样的短而细的毛，密集地长满全身，具有调节动物体内温度的作用。细小的绒毛之间的空隙处充满了空气，具有维持体温、调节热量以及排出水分（汗液）等功能。水獭、海狸、驯鹿以及狼等都有这样的保护自身的构造。

动物的御寒措施通常是采用血管回收热量的方法。无论是哪一种动物，其体表的温度都是变化的，需要维持的是身体内部的温度。为了维持正常的身体新陈代谢，必须维持内脏的温度。为此，巧妙地构造与外部接触的表皮组织才能抵御寒冷。

为了维持身体内部的温度，必须尽力抑制热量的溢出，同时，也不能使暴露在外面的器官因寒冷而被冻伤。为避免冻伤，动物机体具有两个阶段的热量回收功能。通常，输送热量的毛细血管要贴在体表的深处，从深处向表皮通过热传导传输热量，这是间接的传热方法。

如果必须提高表皮附近的温度，则可采取扩张动脉等直接的方法。但是，从身体末端返回心脏的静脉血液的温度低，它会从周围夺取热量，导致身体的内部温度降低。因此，冷的静脉网纹状缠绕在稍粗的动脉周围，就能够从动脉吸收热量，这称为逆向换热。

寒风

冷空气

冰面

热量供应
(热传导)

动脉的流向

静脉网络结构

逆向换热

静脉的流向

脚的防冻伤措施

　　以企鹅为例，稍微粗的动脉将热量输送到脚底板，此处的静脉网络缠绕着动脉而提升了血液温度后将血液输送回心脏。细小的动脉分布在从脚底到脚尖，据说企鹅的体内温度为38～39℃，脚的温度为6～8℃。

4-05 植物的温度调节方法

植物为了进行光合作用，让叶子繁茂而尽量多地接收太阳光，但因为所接收能量的80%以上会变为热能，因此，又必须将过多的热能排出。其起作用的关键之处是气孔。植物蒸发作用使水分从气孔蒸发，利用蒸发潜热来降低叶子的温度。

叶子上有大量的气孔，据说某种植物$1mm^2$的面积上就有约100个气孔。植物开启或关闭气孔，就可吸收光合作用所需的二氧化碳（CO_2），向大气排出氧气和温度调节用的水分。这些气孔是与植物有关的几乎所有气体的进出通路。

在气孔的开闭部位，有**保卫细胞**。保卫细胞是植物叶片上的一种特殊细胞，负责管理叶片气孔开闭。当外界温度过高时，蒸腾作用就会特别强烈，这时保卫细胞就会主动失水，降低气孔导度，截留水分，从而保护细胞；当温度不算太高时，保卫细胞会吸水，提高气孔导度，以便二氧化碳进入。

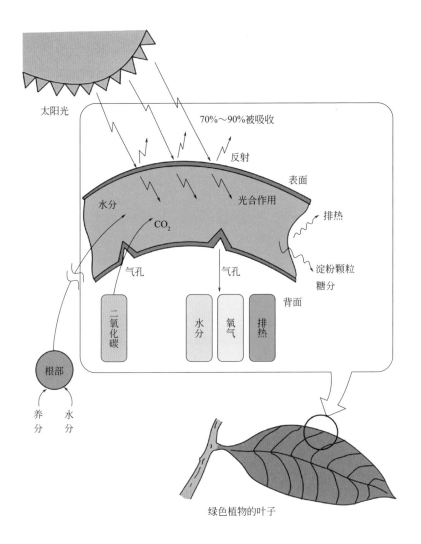

太阳光

70%～90%被吸收

反射

表面

水分

光合作用

排热

CO_2

淀粉颗粒

糖分

气孔

气孔

背面

二氧化碳

水分

氧气

排热

根部

养分

水分

绿色植物的叶子

植物的叶子可吸收太阳光进行光合作用。叶子的气孔在光合作用时从空气中吸收二氧化碳，将光合作用产生的氧气排出。同时，为了进行温度调节，利用蒸发潜热将多余的热量吐出。

为了本文涉及的能量的有效利用，提倡"3R"（参见2-14）。这就是**减少**（Reduce：减少热能的使用量，提高效率，减少废热）、**利用**（Reuse：热能的再利用）以及**回收**（Recycle：转换热能利用，也称为再资源化）。

在热能使用的减少方面，主要方向是从根本上重新审视热能的使用方法，要以最小限度的能量来实现目标。在遮光、隔音窗帘的基础上添加绝热及隔热功能，这关系到室内取暖或制冷的节能。同时，可能还会出现有蓄热功能的产品。

在热能的再利用方面，以热能的多次利用为前提，考虑将产生的热能彻底地利用到最后。对应不同的热能的使用目的，应该有相应的最佳的温度，为此如果让其阶段性地起作用的话，就能够有效地利用全部热能。例如，使用城市垃圾燃烧的热能进行蒸汽发电，将发电余热作为温水游泳池或区域供暖的热能利用。

在热能的回收方面，不把利用完的热马上丢掉，可以考虑利用废热的蒸汽发电或热电发电（参见5-11），使其变为容易使用的电气能源。当然，也可利用废热制造其他产品。

与周围环境温度相差越大，热量就越有利用价值。但是，热能难以运输，所以人们需要想方设法在热的发生地直接使用它。即使在个人的生活当中，关于热利用也有很多需要挑战的吧！

第 5 章
制造物品所使用的热能

　　我们身边的所有物品都是利用热的各种性质制造出来的。让我们一起去了解一下吧。

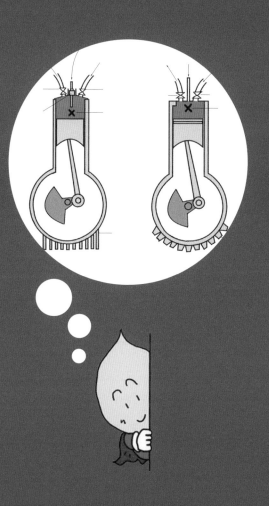

金属的结晶状态与我们的生活有怎样的关系呢？立即能够说出来的人大概很少。这也情有可原的，因为这一疑问涉及金属产品的制造过程。

我们每天使用的刀、菜刀、剪刀、指甲刀以及针等即使是简单的物品，也是用金属通过加热和快速冷却、敲打及弯曲、拉伸使其改变厚度而制造出来的。经过这样的加工，为了产品不变形、性能不降低，往往还要在加工过程中加入退火这一工序。经过退火，可以消除加工过程中金属结晶产生的应变，恢复到原来的结晶结构。

例如，为了剃须刀的安全，调整小刀片的形状，提高刀片的锐度，在加工过程中进行了三次的退火。

理想的金属是晶粒的大小几乎一致并且规则有序排列的。但是，金属经过加工，会产生部分金属晶粒的聚集，出现偏移、形状与大小随之改变的现象。于是，这部分金属变硬、变脆。

缓慢加热这种金属以提高整体温度，使其变形部分的结晶粒一起成长，然后将温度慢慢地降回到室温，结晶粒就整个都变回到原来的金属组织。这就是退火工艺。

晶粒结构开始变化的温度称为**软化点**。软化点与金属开始融化成液体时的温度也就是熔点有关系。锅等使用的铝的熔点是660℃左右、软化点是270℃，也就是说软化点的温度不到熔点温度的一半。

用燃气灶加热的话，就能够容易地弯曲铝，但恢复不了原状。

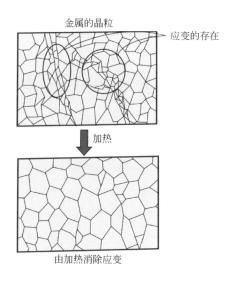

金属的晶粒大小与形状会因为材料的种类不同而有差异，正常的晶粒与被强制加力而变形的晶粒混合存在，通常都有应变的存在。缓慢加热这种金属，由于热能消除应变，通过再结晶，金属能恢复到原来大小和形状。

恒温器用于使受控件保持一定温度。恒温器有各种类型，但其具有代表性的则是作为开关使用的双金属片。

通常，提高金属温度的话，金属会基于自身的物理特性而膨胀。双金属片是将种类不同的两片金属板牢固黏合成为一体的。因此，加热时膨胀延伸大的一侧就向延伸小的一侧弯曲。也就是说，只要改变温度，双金属片就能规范地发生偏转或恢复到原来的状态。利用双金属片的这一特性可以将其作为电气开关使用。

在我们的身边，有许多利用热能的家电产品或设备。双金属片被广泛地用在电视、冰箱、微波炉、电热毯、煤气灶、热水器、加湿器、空调及打印机等中，就连汽车空调也使用了双金属片。

近年，人们发现了因瓦合金（含有36%镍的铁）对于温度的变化具有非常小的伸长率，另外，锰、铜以及镍的合金对于温度变化具有非常大的伸长率。即使是相同温度的两种金属其伸长率也有相差20倍的。为此，利用这一特性将它们制成双金属片，只要有微小的温度变化，就能得到很大的变形（就是说灵敏度高），促进了双金属片在所有涉及热量利用领域的广泛应用。

双金属片的结构简单，作为产品能经得住100万次以上的反复动作。但是，温度上升过高的话，发生故障的可能性也高起来，也不能完全避免引起火灾。

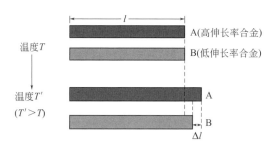

使高伸长率合金A和低伸长率合金B的温度发生变化，A和B之间就能产生长度差。利用这一特性就能够检验其使用环境的热异常，为此，将其粘接成一体，就制成了双金属片。

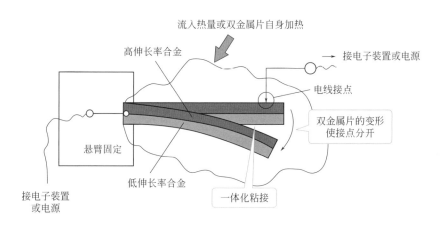

把2张金属板粘接在一起，将双金属片与电线接点组合连接。温度上升时，它就能够切断电气回路。电流流过双金属片的过程中，必须注意的是合金的电阻率大小。

5-03　记忆合金为什么能恢复原状?

以前就有使用**形状记忆合金**制造的眼镜框架,现在仍然有人在用吧。这种眼镜记忆了高温时的框架形状,所以即使在常温下发生了变形,只要加热就能恢复到原来的形状。

能够记忆形状,是因为金属结晶发生了**马氏体相变**。马氏体相变是指从外部施加作用力后,构成晶体的原子之间的连接不松脱而发生变形。也就是说,受到来自外部的作用力时,也只是原子的位置发生变化,晶格构造本身被保持。而且,达到记忆形状的温度时,移动了的原子就恢复到原来的位置、恢复原来的形状。这就意味着原子不是分散扩散而是相变,这称为**无扩散相变**。

形状记忆合金因温度的变化反复变形或恢复的动作,虽然同双金属片相似,但它的优点是只用一种金属来实现,而且,简单的结构也扩展了其应用范围。其缺点是现在使用温度被限定在100℃以下。

我们身边使用的熟悉例子,有形状记忆合金弹簧。这是利用弹簧达到设定的温度就恢复弹簧形状的性质。例如,电饭锅的调压口就是利用形状记忆合金弹簧启闭排出多余的蒸汽。咖啡机中,起决定作用的是在水沸腾温度时使形状记忆合金弹簧拉伸,开启阀门,向咖啡豆注入热水。

马氏体相变

即使晶格相互之间没有错位，或者也没有晶粒凸出导致的变形，它也能在一定的范围内变形。现在能利用的温度范围是100℃以下。

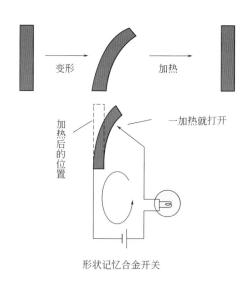

形状记忆合金开关

上图示出了热开关作为产品的一个例子。如果能在100℃以上的温度使用，其用途将非常广泛。为此，我们应继续进行新的合金研究。

5-04 物质的"等离子态"是什么?

物质是分子结合而成的,但这种结合会因温度变化而分离,发生物质从固体转换为液体或气体的状态变化。气体是构成物质的原子或分子作为粒子呈飞行的状态,再升高温度的话,分子就会分离成为原子,最后,原子中的电子被剥离。这种变化称为**电离**,由电离后产生的含有带电粒子的气体称为**等离子体**(电离气体)。由于带正电荷的原子核(离子)与数个带负电的电子总量相等,所以等离子体是呈现电中性的。

等离子体中除离子(+)和电子(-)外,还混合有中性的原子与分子。这个中性原子是分子被热能分离的原子,但当等离子体的电中性被破坏时,静电起作用,让其恢复中性。离子或电子与中性原子冲突,而电子双方或离子双方因相同电荷互相排斥而不会发生碰撞。虽然离子和电子因**库仑力**的作用而相互吸引,但在等离子体中热运动产生的力超过库仑力,因而离子和电子结合不了。

我们身边常见的等离子体有荧光灯和蜡烛的火焰以及霓虹灯。霓虹灯是在密封的玻璃管内充入0.005个标准大气压的惰性气体,再通电使玻璃管发光。其中的电子温度达到25000K左右、离子温度约1500K、中性原子的温度400K,触摸的时候必须注意,避免烫伤。此外,霓虹灯灯管中充入氩(Ar)、氦(He)及氙(Xe)等不同气体,就会发出不同色泽的光。

如果进一步提高温度的话,就会得到**完全电离的等离子体**。如果电子的温度上升到 $(10 \sim 20) \times 10^4 K$ 的话,中性原子不断地被分成离子和电子,最终全部成为离子和电子。于是,冲突也就没有啦。上升到 $1000 \times 10^4 K$ 左右的话，电阻就与铜差不多了。不过，到了这样的温度后，离子之间相互碰撞也会发生，成为核聚变反应。这正是在太阳内部发生的反应。

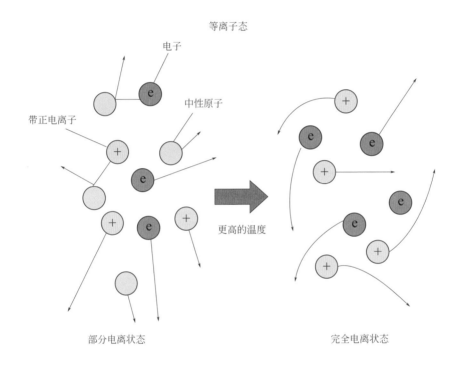

等离子态

电子

中性原子

带正电离子

更高的温度

部分电离状态

完全电离状态

　　虽然数千开尔文时还留有中性原子，但电子和离子的运动变得激烈。如果温度上升到 $(10 \sim 20) \times 10^4 K$ 的话，则全部被分解成离子和电子。虽然电子和离子之间有相互吸引的库仑力的作用，然而由于热量引起的动能较大，所以避免了两者之间的碰撞。

　　我想大家都知道不能用微波炉来加热带壳生鸡蛋，这是为什么呢？这是因为微波炉是从食物内部让食物所含有的水分产生了摩擦热现象而使温度升高来加热食物的，如果使用微波炉来加热带壳生鸡蛋的话，就会发生鸡蛋内部膨胀爆炸而到处飞溅的惨事。事后的清理工作是非常麻烦的，从热能做功的观点来看，这也是精彩的例子之一吧！

　　将空气等气体密封在密闭的容器内，给容器加热。容器内的气体因为膨胀而增加了压力，于是一打开阀门，气体就猛烈喷出。如果气体喷射到螺旋桨上，就会使螺旋桨旋转，进而在螺旋桨上安装发电机的话，就能够发电。这也就是说，热能通过空气这一介质能够使生成的电力做功。但是，容器中的压力与大气压相等的话，就做不了功。为了让热能继续做功，需要如蒸汽循环那样的结构（参见5-09）。

　　以上的例子都是基于热引起的粒子运动所发生的做功，被加热的物质根据温度辐射出各种波长的电磁波。太阳的光是具有代表性的，称为光能，这也是由热能转换而来的。因此，可以利用太阳能电池同样的机理将热能生成的电磁波转换成电能。只要是在主体结构能承受的范围内，不管是什么样的热能都能够使其发电。

热能转换成机械能

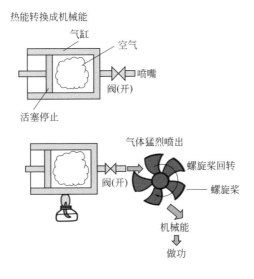

热能转换成电能

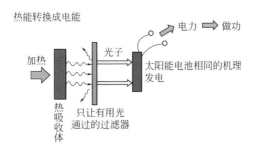

在活塞固定的状态，加热气缸中的空气，压力与温度成比例地上升。如果打开端部阀门的话，缸体中的空气就会喷出，直到与大气压相同为止。将这个应用于旋转螺旋桨的话，就能够转换成机械能，将其作为动力来使用就能够做功。但是，为了连续工作，需要蒸汽循环那样的结构。另外，从电磁波收集的角度来看，只能使用含能量高的电磁波，利用像太阳能电池那样的机理就能够用热能来发电了。

　　进入水温比体温还高的浴盆中，人的身体就会暖和起来，这是身体从热水中获取了热。而用低于体温的水淋浴的话，身体就会凉快起来。用手去触摸冰，手的热量因为被冰夺走而感觉到冷。热茶放置在房间内，不知什么时候就会降到与室温相同的温度。这些都是日常生活中发生的事情。

　　水从高处往低处流是理所当然的，是被大家所接受的事实，这是因为重力作用于所有物体。位于高处的水具有与其高度成比例的**势能**，相对于低处拥有更大的能量。相反地从低处向高处移动水，使用泵或者人用水桶搬运，都必须对水施加能量。

　　热能也是同样的。温度高的热能强，而低温处其构成的粒子动能小，热能就弱。另外，高温的热量能够融化钢铁或者能够煮熟烹饪的食材，但接近常温的温度其作用就受到了限制。

　　我们知道即使是同样的热能，因温度的不同其本质也有所差异。表示热能这个本质的量叫**熵**。熵指的是物质体系的混乱程度。熵越大，系统内热能转变为功的可能性越小。因此，为了减小熵，就必须像烧洗澡水那样增加热能。在使用热制造产品时，人们灵活运用这一机理来加工材料，或者为此使用化学能及其他的能源。

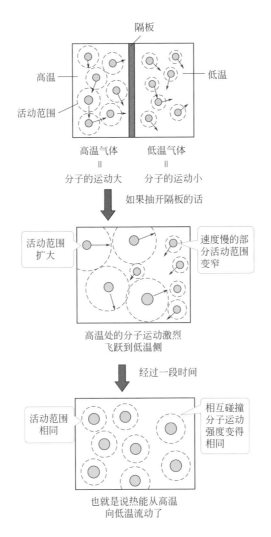

温度的不同造成分子运动速度大小的差异。分子之间相互碰撞时，能量强的分子的能量减少，而能量弱的分子则获得能量，能量被平均化。结果是能量从高温处向低温处移动。

　　像电动车和混合动力车那样利用电动机将电能转变为动力，其效率接近100%。理论上100%的转换是可以实现的（称为**转换效率**为100%）。与此相反，将热能转换成电能或机械能等其他形式的能量时，理论上也不太可能达到100%。这是热能与其他形式能的不同之处。为了说明其原因，我们来比较水力发电中的**势能**和蒸汽发电中的热能（参见5-09）。

　　水力发电是利用在高处的水的能量（势能）。如土地或高山表示为"海拔××m"那样，海拔高度的基准是海面。在高处的水（存有势能）落向处于海拔0 m的水轮机，水的势能就会100%地转变为水轮机的转动。使水轮机转动之后的水也就不再存有能量。能量即使改变了形式，也不会发生消失或增加。这就是**能量守恒定律**。

　　另外，在蒸汽发电中，热的强度（温度）相当于水力发电中水的高度。那么，温度的基准是什么呢？那就是绝对零度（0K）。然而，作为现实问题，将蒸汽发电整备成0K的环境是不可能的。通常，因为大气的温度或海水温度为15 ～ 20℃，就是说在绝对温度300K左右。因此，被转换的功的最大温度差就是从高温热源的温度减去300K的差值。即使其他的损失是零，这个不利的因素一定是伴随热量转换的整个过程。所以，热能的转换效率达不到100%。

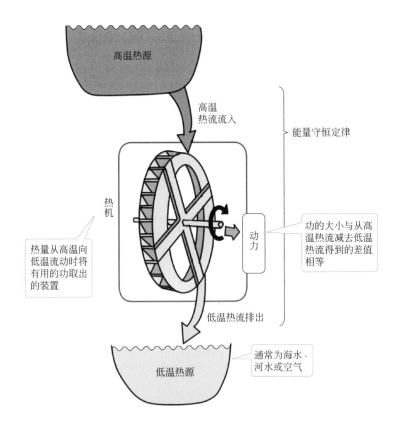

高温热源

高温
热流流入

能量守恒定律

热
机

功的大小与从高
温热流减去低温
热流得到的差值
相等

热量从高温向
低温流动时将
有用的功取出
的装置

动
力

低温热流排出

通常为海水、
河水或空气

低温热源

　　表示热能以多少的比例程度转换成其他能量的指标，就是能量转换效率。这是用百分比表示对投入的高温热能做功的比例。投入能量的单位是瓦特（W），就是每秒钟所投入的能量。被抽取的功即使成为其他形式的能量，也同样用瓦特表示。例如，高温热源的温度是1000K、低温热源的温度是300K的情况下，热机理论转换效率用［（1000-300）/100］×100% 计算，得到的是70%。实际的火力发电站的效率是41% ～ 55%，汽车发动机的效率是20% ～ 30%。

5-08 斯特林发动机究竟是什么样的?

在热机中受到关注的是效率高或者无论使用什么热源皆可使之运转的**斯特林发动机**（也称热气机）。

我们熟知气体温度上升，单位体积的重量就变轻，这是源于气体的膨胀。加热密封容器中的气体，粒子的运动就会加剧而激烈地碰撞容器壁，导致压力上升。如果将容器改变成带有活塞的气缸，因加热就会推动活塞移动。相反，气体冷却的话，就收缩而吸引活塞移动。反复这一过程，活塞就进行往复运动，利用曲轴（L形的轴）就可以简单地将直线运动转换为旋转运动。在史特灵发动机中，为了能迅速地进行加热和冷却，使用了一个称为**置换器**的中间活塞。这就是使活塞的中间具有能够通过气体的间隙，而实现加热部不停地加热和冷却部不停地冷却。

置换（配气）活塞的运动需要与主活塞的运动不同步，这可用曲轴来实现。气体可使用在高温情况下也稳定的惰性气体氦等。理论效率能得到与理想的热机相同的数值，但实际上因为周围的热力损失效率达不到理论效率值，据说汽车的效率只有40%左右。

斯特林发动机缺乏高输出功率和瞬间爆发力，但因可输出很大的力矩而应用于大型船舶中，由于没有类似于内燃机的爆炸做功过程，因此噪声与振动较小，由此，人们正在探讨在更多需要的地方加以利用。但是，作为实际的机器应用，其机械接触部分的复杂程度、耐久性方面则是还有待研究的课题。

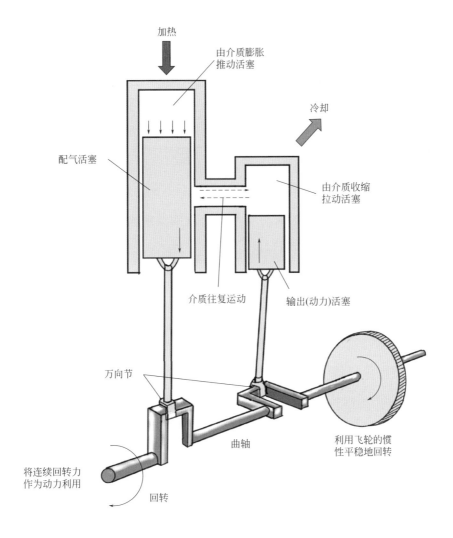

加热

由介质膨胀
推动活塞

冷却

配气活塞

由介质收缩
拉动活塞

介质往复运动

输出(动力)活塞

万向节

利用飞轮的惯
性平稳地回转

将连续回转力
作为动力利用

曲轴

回转

在斯特林发动机的气体介质中，可以使用高温下稳定的气体，如氦气和氮气。因为能够利用太阳能或废热等，人们认为其应用范围广泛。

5-09 蒸汽发电的原理是什么?

　　蒸汽发电是使用水沸腾产生的水蒸气的力量推动涡轮使发动机旋转,从而连续稳定地生产出电力。在此,使用了热机功能之一的**蒸汽循环**(也称为**朗肯循环**或兰舍循环)。

　　水蒸气是水变成气体的产物,本身是透明而不可见的。人们日常看到的白色的"蒸汽"是水蒸气的一部分被周围冷却而变成了小水滴,形成了水蒸气和小水滴的混合体。在使用高压锅(参见3-10)进行烹饪时,如果仔细观察从减压喷嘴出来的水蒸气,就会看到其最初是透明的。

　　水蒸气的力量在古代希腊就已经被人们发现了,但实际的应用是在18世纪中期开始的工业革命时期。加热水会产生高温高压的水蒸气,将这个水蒸气在接近真空的条件下喷出,驱动涡轮机旋转,连接涡轮机的发电机就生产出了电力。用海水等冷水去冷却推动涡轮机旋转后的水蒸气,将水蒸气具有的热量传递给了海水,水蒸气就变回原来的液体状态的水。这一循环的重点就在这里,再次用泵将冷却的水送到加热部,就完成一个周期(循环)。这种循环表现为热利用水的性质使其产生动力,进而转化成了电力。

　　蒸汽发电的热源经常使用的有化石燃料或原子能,一般称为火力发电站或者核能发电站。

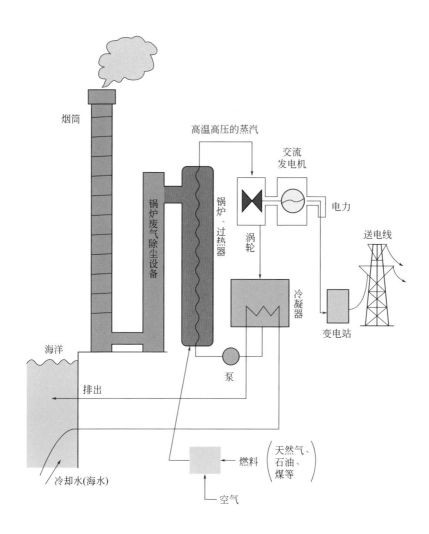

　　使用蒸汽循环的发电站，能生产（10 ~ 100）×10⁴kW的电力。日本现在每户居民平均需要3kW左右的电力，则100×10⁴kW的发电量就是30万户居民1天的使用量。通常采用交流发电。

5-10 汽油发动机和柴油发动机的主要区别

汽车是我们生活中不可或缺的交通工具。日本2014年就制造近1000万台汽车，其中，大部分是汽油车，但柴油车也在不断地进行技术创新，销售竞争更加激烈。在世界上，汽油车所占的比例约为72%、柴油车的比例约是28%。

汽油发动机和柴油发动机的区别是由所使用的燃料汽油与柴油的性质不同而决定的。汽油发动机利用的是汽油的**闪点**，而柴油发动机利用的则是柴油的**着火点**。闪点是其他火源能够点燃的温度，着火点是自燃的温度，就是柴油自行发火燃烧的温度。汽油的闪点温度是-35～46℃，非常低，柴油的闪点温度是40～70℃，柴油的着火点温度是250～300℃，低于汽油的着火点温度300～400℃。正因为这些不同，就决定了发动机的结构也不同。汽油发动机具有点火的火花塞，而在柴油发动机中需要能保持高温高压（300℃时2000个标准大气压以上）的牢固的缸体。

汽油发动机能够高速旋转，输出随排气量能增大，但效率只有25%左右。柴油发动机适宜于低速旋转，能输出大转矩。还有，柴油发动机的效率比汽油发动机的高。目前，人们已经开发了提高清洁柴油环保性的技术。

从上述原理看，产生动力的循环也有一点不同，汽油发动机是吸气（吸入汽油和空气的混合气体）、压缩、通过点火进行爆炸性燃烧，然后排气。在柴油发动机中，是吸气（空气）、压缩（压缩后向高温高压空气注入柴油）、爆炸性燃烧，然后排气。

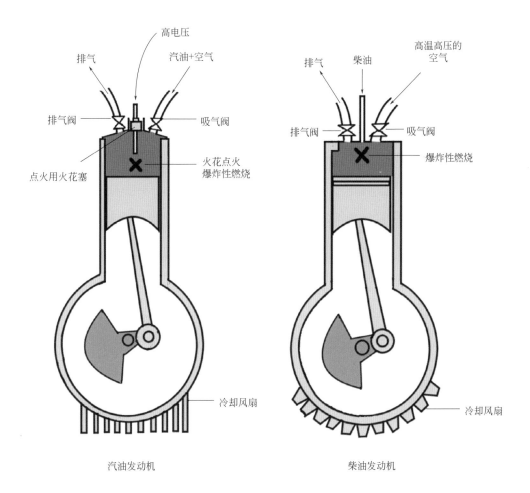

高电压

排气　　　汽油+空气

排气阀　　　　　　　吸气阀

火花点火
爆炸性燃烧

点火用火花塞

冷却风扇

汽油发动机

排气　　柴油　　高温高压的
　　　　　　　　空气

排气阀　　　　　　　吸气阀

爆炸性燃烧

冷却风扇

柴油发动机

　　两种发动机的基本结构有许多的相似点，如将爆炸性燃烧的动力用活塞和曲轴变换为旋转运动，但从燃料不同的角度看，分为必须压缩汽油与空气的混合体的汽油发动机和只压缩空气的柴油发动机。柴油发动机的效率较高。

5-11 用热能可以实现直接发电吗?

现在，热能在火力发电站、核能发电站、地热发电站等处可以转换为电力。这些发电站采用大型设备，发电方法适合于大量热能及高温热源。另外，有人开发了不论热的温度高低和热量的多少，都可用简单的固体元件直接利用热能来获取电力的方法。如果使用这种方法的话，将体温和气温的差值作为热源也能发电。让我们用身边熟悉的金属来说明这种发电的原理吧！

将两种不同的金属都弯曲成半圆状，连接起来成一个圆。在连接点处，如果一边加热，一边冷却的话，就产生与温度差成比例的电流，这一电流就在金属中流动。这种现象以其发现者的名字命名为"**塞贝克效应**"。利用这一效应，就将热能直接转变成电能。

例如，准备1根铜线和1根铁线，将两根线的两端分别牢固地连接在一起，一侧的连接处用酒精灯烤，另一侧的连接处用自来水冷却。假设两端形成500℃的温度差，则能产生6.7mV（微伏）的电压，电流在封闭的环（回路）中流通。这个电流的大小由产生的电压和线的形状（截面积和长度）所决定（原理与电阻相同）。在相同的温度条件下，用铁线和镍线来取代铜线和铁线，则电压上升到17mV。

下面我们用金属棒中的电子运动思考塞贝克效应的原理。金属中的电子是不受制约地在金属内移动的自由电子，其移动速度随温度而变化。这也就是说，温度高场所的电子与温度低场所的电子相比，其运动不同。给金属的两端施加温度差的话，电子堆集到低温侧，而高温侧的电子减少。温度的差异导致了电子的运动差别从而改变了电子的密度，因而，不同位置之间存在电势差，也即产生了电压。当然，在两端连接电线的话，就能获取电流。如果在电线的中间放入电阻，就能使电阻做功。这就是用热能直接获取为电能的**热电发电**。

目前阶段，虽然获取的电能还很小、效率也低，但作为偏远地区的无线电中转站或宇宙飞船的通信用电源，热电发电正在发挥着作用。另外，汽车的排热或垃圾焚烧炉的废热利用等，这些利用各种各样热的热电发电的开发也正在进行。

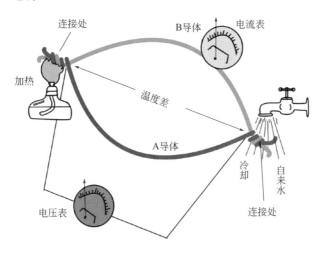

将种类不同的2种导体（金属）连接起来，加热一端的连接处，另一端的连接处用自来水等冷却，就能够在导体内检测出与两端的温度差成比例的电压。这是导体内产生了与电池相同的直流电。只要有温度差的存在，就会有电流流动。如果使用热电半导体，就能高效地用热能获得电能。

构成热电发电的最小单位的主体称为热电池。

5-12 收集太阳能

　　大家知道用放大镜收集太阳光时，能够使放置在放大镜焦点处的纸燃烧起来吧？这是因为进入镜片的光线折射集中在一点的缘故，利用光的这种性质，做成大规模的装置，就能够获得温度相当高的热能。

　　利用抛物线的曲面，能够将反射的电磁波集中在曲面焦点的前面。卫星广播的抛物线天线就是实际的例子，而在利用太阳能的时候，使用**抛物面反射镜**。小型的抛物面反射镜机构能够用于烹饪或作为小型动力使用。大型的在焦点位置安装管道，使介质在管道内循环流动，其集热温度能够达到150～500℃。

　　还有，采用大量的能够跟踪太阳光的平面镜，使反射光聚集于一点（塔式集光）。在宽阔的大地上，再尽力减少热能的损失，其集热的温度就能够达到400～1500℃。

　　另外，由于无论是在技术方面还是在成本方面，制造大型的凸透镜都是困难的，为此将凸透镜的曲面分割，然后薄薄地排列在平坦的表面上[线性（直线）菲涅耳透镜]。它巧妙地利用光的折射聚焦于焦点，这种方式集热的温度大致与抛物面反射镜相同。

　　将获取太阳能的方法与储热装置组合起来，就可以使其广泛地应用到从发电到烹饪的各种场合。小型的太阳能烹饪器已经上市销售，5000～10000kW规模的太阳能发电站也正在西班牙和澳大利亚得到了商业运行。另外，据说使用太阳能的海水淡化装置正在逐步商用化。

太阳能的聚光方法

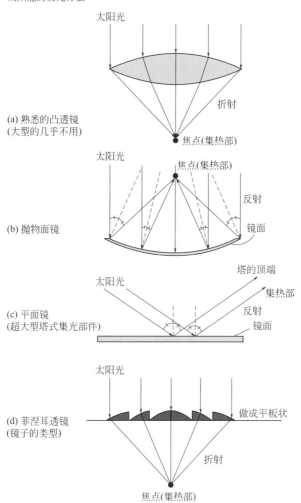

太阳光

折射

(a) 熟悉的凸透镜
(大型的几乎不用)

焦点(集热部)

太阳光

焦点(集热部)

反射

(b) 抛物面镜

镜面

太阳光

塔的顶端

集热部

(c) 平面镜
(超大型塔式集光部件)

反射

镜面

太阳光

做成平板状

(d) 菲涅耳透镜
(镜子的类型)

折射

焦点(集热部)

5-13 利用地热可以发电吗？

在日本有许多地热资源，那能够将这种地热能转换成电能吗？

在利用地热资源时，为方便抽取位于地下的高温高压的热水，需要挖掘**生产井**。高温高压的热水是指被火山地带的地下数千米到数十千米的约1000℃**岩浆**的热加温的，通过岩石的裂缝渗透过来的被滞存的雨水。200～350℃的蒸汽和高温水所组成的品质优良的热水从生产井喷出，然后，采用**汽水分离器**分离蒸汽，用蒸汽的压力推动涡轮旋转进行蒸汽发电（参见5-09）。

地热蒸汽发电与一般的蒸汽发电的不同点是用凝汽器（复水器）将蒸汽还原为水之后，用回填井的方式将其与使用之后的高温废水一起返填地下。这是让存在于地下的资源返填回地下，尽量不破坏自然环境。

另一个不同点就是使用低温源来冷却。一般的火力发电站是用海水进行凝汽器的冷却，而地热发电装置通常都是安装在山区，河流也离着较远，为此需要再利用冷却水。冷却水温度因用于凝气而上升，为此先采用冷却塔进行空气冷却，再用于凝汽器。

地热的热水温度为80～150℃时，因为蒸汽发电的装置过大、不经济等原因，采用了利用低沸点介质的**低温循环发电**。

地热发电是能够提供稳定电力的能源利用方法，我们应该积极推进其发展。

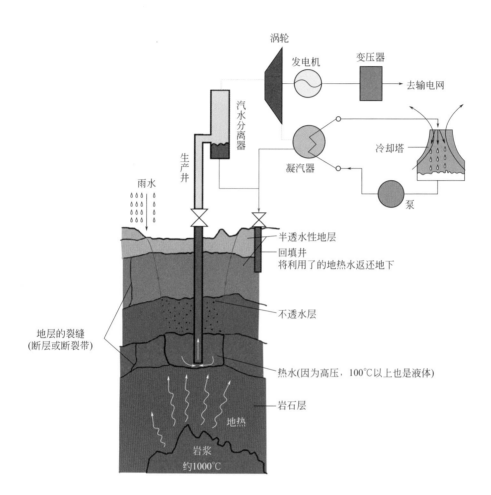

　　地热发电的发电原理与火力发电相似，而不同点在于规模只有数万千瓦，最大的也就 20×10^4 kW左右。另外，蒸汽的压力也比较低。从充分利用抽取的热量的观点出发，试行了使用低沸点介质的低温循环发电，扩展了可能利用的温度范围。现在，日本的地热发电达到了大型火力发电站的一半，有约 50×10^4 kW的输出。

5-14 将风能转换成热能的风力发热机

为了将风能转换成热能，人们探讨了汽车或电车（一般指电力牵引火车）使用制动器的应用。制动器的作用是使物体减速并停止运动。在山路下坡时，需要注意的是过度使用制动器会导致制动部分因过热而不起作用。这就是行驶中汽车的能量因制动作用而被转换成了热能。**风力发热机**的构思就是将汽车的轮胎更换为螺旋桨，而制动器换为**发热机**。

一般的风力发电因没有排出二氧化碳而有利于环境，也没有能源枯竭的问题。但是，由于风的强度和方向不稳定，不能产出恒定的电力。为此，风力发电产生的电力是难以使用的。因此，人们重新评估了将风力转换为热能，再蓄存这种热能使用方法。用这种方法可以稳定地使用风力，不过需要使用高效且可靠性高的风力发热机。

在风力发热机中，应用的是与汽车中使用的**电磁制动器**相同的原理。风力推动螺旋桨旋转，被安装在螺旋桨轴上的磁铁随之旋转。于是，在具有电阻的机身上就出现涡电流，产生热量。其工作原理与IH电磁炉相同。在蓄热装置中积攒这种热量，必要时再使用。温度可能上升到800℃左右。如果是大型风力发热机，估计可以用于稳定的发电或产品的加工，小型的可应用于洗浴、烹饪以及采暖。希望能尽早作为产品出现。

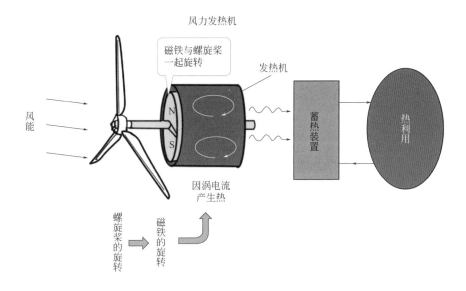

风能也可以转换为热能。风力驱动的螺旋桨旋转使磁铁的强度随时间变化，促使外套的导体中产生涡电流。电流和导体的电阻成为电阻性发热源，产生热能。由于将不稳定的风力转变为了热能，因此，输出的波动就能平缓起来。发热机的重量比常规的发电机更轻，因而可使成本下降。

5-15 如何产生5000℃的高温?

太阳的光球层温度高达6000 ～ 8000K，这在1-02节已经说明。不过，在我们身边也有着许多必须接近这一温度才能加工生产的产品。

这其中之一就是铅笔笔芯。铅笔笔芯是用几百年前就被人们发现的石墨加工制成的，其熔点达到三千多摄氏度。除此以外，立方氧化锆的加工需要近3000℃的温度，立方氧化锆用来制作人造钻石，这种人造钻石一般作为装饰品使用，具有接近天然钻石的辉度。另外，熔点约为3407℃的钨也被用于照明器具中。制造钢铁或陶瓷菜刀的过程中也需要经历这样的高温状态。

使用燃烧石油与天然气等化石燃料或者电加热器都不能获得接近于5000℃的超高温，它们只能达到2000℃左右的温度。利用等离子体的性质，采用电弧放电这一特殊方法，则可获得这一超高温度。

在耐热材料密封的容器内封入空气或者氩气甚至保持真空，在相对的电极之间通入大电流（例如，每$1cm^2$达到数十万安培的交流电或直流电），于是，气体分子中的电子与离子分开（通常称电离），出现等离子状态。电弧放电能比较容易地就获得6000℃左右的温度。

人们根据这一原理制造出不同大小、适合各种用途的电弧炉，即使是在大气压（0.1MPa）下使用的实验用小型炉，用10A左右的电流也能获得6000℃那样的高温。

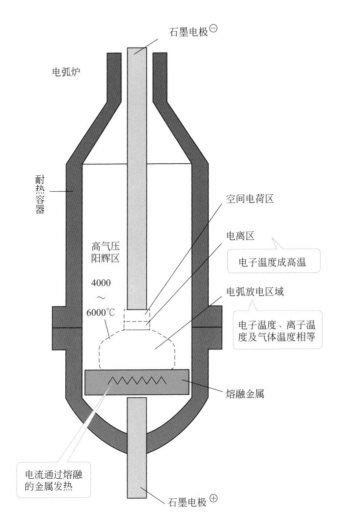

石墨电极 ⊖

电弧炉

耐热容器

空间电荷区

电离区

电子温度成高温

高气压阳辉区

4000
～
6000℃

电弧放电区域

电子温度、离子温度及气体温度相等

熔融金属

电流通过熔融的金属发热

石墨电极 ⊕

　　在容器的上部石墨电极和下部石墨电极之间施加能够击穿容器内介质的电压，使高电流流动，气体分子的一部分就分成电子和离子，使其温度接近4000～6000℃。这种高温能融化通常比较难熔的金属等。电流在熔化的金属中流动而发热。

5-16　热交换器是什么？

我们的身边运转着各种各样的热交换器。热交换器的作用是将从高温的热源获得的热量传递给低温的热源的装置，常用于空调、冰箱、燃气热水器、快热式热水器、温水冲洗马桶座、吹风机、计算机CPU用的散热器等家用电器或电子设备中。在汽车、电车及飞机里也安装着各种各样的热交换器。发电站以及许多制造企业采用的是大型的热交换器。化学工厂使用的热交换装置可以说是热交换器的集合平台。我们的身体中的动脉和静脉之间也进行着热交换（参见4-04）。

不同成分的流体之间通过金属等的传热面隔开而进行热量交换的热交换器称为**间壁式式热交换器**。与此相对的，不带隔板，使两种流体在希望的条件下直接接触而进行热量交换也是可行的，这是**直接接触式热交换器**。在风扇前面让湿毛巾干燥时，发生的就是直接接触式的热交换。

高温热源大多数使用的是燃烧气体或像空气那样的气体，也有固体和液体。低温热源的介质一般是水（自来水、河水、海水及循环水）或空气（大气）。

我们希望的热交换器是轻型的、结构紧凑的，并尽可能减小温度差。在热交换器的表面安装翼（肋）片，这是为增加热的接触表面积所采用的结构。在流体中，对流换热传递的性能取决于流体的流动速度和热导率。因换热目的的不同，两流体的流动方向可以是并流（两流体流动方向相同），也可以是逆流（两流体流动方向相反）。在冰箱或空调中使用能大规模散热的热交换器，是由于循环的介质蒸发（液体→气体）或凝结（气体→液体）等发生显著的状态变化（产生相变）。

热交换器的材料主要使用铝、铜、铁等合金。特殊的医疗用产品也有使用聚四氟乙烯那样的合成树脂的。发电站等使用海水的情况下，为避免腐蚀也有使用钛的。

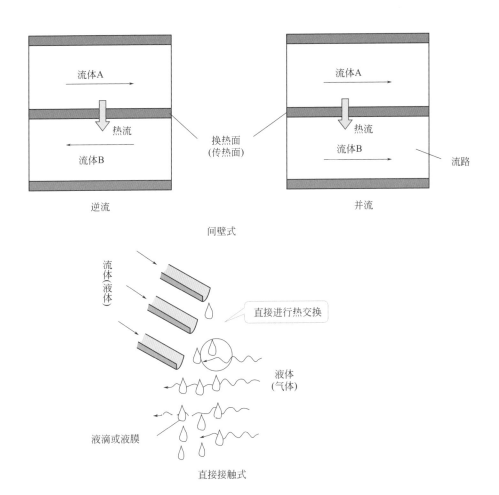

处理热量传递的时候一定要使用热交换器。间壁式热交换器是通过传热面，使热从某种流体移动到另一种流体的。也有使流体之间直接接触进行传热的直接接触式热交换器。

热管是为了传递热而特殊制造的产品。通常的热传导受到金属等材料自身性能的限制，而热管值得夸赞的性能是其热导率可以与热导率高的银或铜相比，甚至有时还高出数百倍。这种快速热传递的性能应用于电子设备的话，设备的冷却性能可得到提高而使操作稳定，在计算机的CPU等冷却方面也能发挥作用。另外，还可应用于寒冷地区的融雪，或大型长距离输送天然气管道的散热等。

在热管中封入传输热量用的水等介质。热管的高温侧加热后，管道中的介质就吸热而变为蒸汽，这一蒸汽由高温处向低温处移动，在低温处凝结而放出热，凝结的介质利用毛细现象再返回高温侧。介质不断反复这种蒸发→移动→凝结→移动的循环过程而进行热量传递。

水蒸发时所需要的热量是使液体的水上升1℃所需热量的约540倍。进而，因为水蒸气以接近声速的速度移动，所以，即使热管的高温处与低温处的温度差很小，热管也能充分发挥作用。金属传导热的电子也是以近光速的速度移动，但因为电子的质量很小，因此，在低温侧的金属原子达到相同的温度需要花费一定的时间。这种时间上的差异可导致热导率相差数百倍。

有效地利用热能的重要条件是即使很小的温度差，也能充分发挥作用。另外，也可以改变热管低温侧的面积，虽然传输的热量是一定的，但是，因为能改变散热部分单位面积的热量，进而改善热密度，从而能够使装置结构紧凑。虽然工作的温度是在4 ～ 2300K的大范围内，但是封闭在管道内的介质必须按照使用目的进行选择。目前，我们的最大课题是找到在高温情况下也能安全运行的介质。

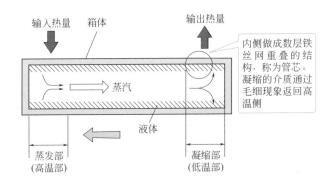

热管由外侧的金属管和内侧的管芯（多层金属网）构成，管道内的空间减压封入由工作温度所选定的水或替代氟利昂等的介质。

两个例子，一个是使用铜管制造的用于冷却计算机的CPU或整个电子电路的热管（附加散热用的铝制翼片），另一个是铝制的平板型热管（没有方向性）。

5-18 温度计采用模拟式还是数字式？

摄氏温度是将固定点（纯水的凝固点和沸点）之间的温度分成100等份确定的，在1-01节我们已经说明了。要判断温度的高低，就要使用温度计进行测量。当我们感到身体不舒服，有感冒迹象时，首先要测量体温。在日常生活中，我们需要设定洗澡水的温度，需要设定取暖或制冷的温度。我们知道在生活中的很多地方都会出现温度。

现在，很多温度计采用数字显示温度值，而过去，人们一直使用在刻有刻度的玻璃管中封装液体的**棒状温度计**。封装的液体通常是对于温度变化体积变化较大的液体，棒状温度计就是用刻度来表示这种液体因热而膨胀及收缩的状态的。封装的液体有水银、着色成红色的有机液体以及煤油灯等。虽然棒状温度计通常在-20 ～ 100℃的范围内使用，但它能测量到-50 ～ 200℃的温度，特殊情况下也能测量到650℃的温度。

现在的家电产品上的数字显示的温度，采用的是将温度的变化转换成电信号的温度计。这是利用热敏电阻（由复合氧化物半导体制成）将温度的变化转换成电阻的变化，从而将温度变化转化成电信号，然后利用IC芯片等电子电路在液晶屏幕上显示出来。在常温范围内，每10℃的温度变化对应着30%的电阻值变化，精度是±0.1℃，测量范围是-50 ～ 200℃。

在测量更宽范围的温度时，使用热电偶。其工作原理是连接两种不同的金属，使连接部位和另外一端有不同的温度，就能得到与温度差成正比的电压。如果改变金属的种类及其组合，就能测量-272 ～ 2200℃这样宽范围的温度。铜和康铜（一种铜与镍的合金）制造出来的热电偶测温范围是-200 ～ 300℃，测量精度±0.2℃。由于结构简单，因此也可以接触和测量非常小的物体。

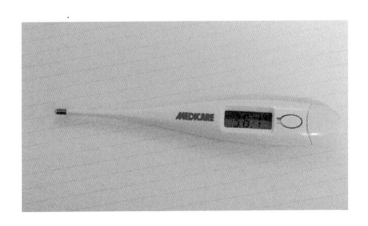

使用热敏电阻的体温计。

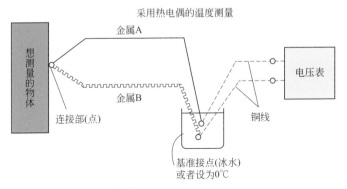

采用热电偶的温度测量

金属A

想测量的物体

连接部(点)

金属B

铜线

电压表

基准接点(冰水)或者设为0℃

组合不同金属可测量的温度范围

镍铬合金-镍铝合金：−200～1000℃
铜-康铜：−200～300℃
铂铑-铂：0～1400℃

　　热电偶是连接两种不同的金属，使金属的连接点紧密接触在想测量的部位，另一端的连接点作为冷连接点（用冰水设基准为0℃），测量两端的电压，获得与电压相对应的温度。使用金属制造的热电偶在整个测量范围内，温度与电压成比例（有线性关系）。

5-19 温度分布图像化的红外成像

人的眼睛不能直接看见热，但是使用**热成像**技术，就能用图像的形式来显示和确定物体的温度分布。

热成像将温度分布转变成图像的原理为：具有热量的物体向外辐射电磁波（红外线），用**红外探测器**（光接收元件）接收该红外线，吸收了红外线的地方温度会发生变化，温度变化会使传感器的电阻随之变化，将电阻变化信号用电子电路进行影像处理，并在显示器上显示出来。还有一种热电堆型热成像仪，它是将吸收红外线引起的温度变化转换为电压而不是电阻，信号处理方法虽然与上述相同，但这种热成像仪对高温测量对象适应范围更广。

目前，能够热成像化（图像化）的温度范围是-40～2000℃。温度越低，波长越长，辐射能量越小。热成像仪能够显示的最低温度由红外探测器的灵敏度决定。分辨率是±0.1℃，通常，温度（绝对值）的精度为±1.5℃。为了提高测量精度，可结合物体的表面辐射率来进行识别。为实现此构思，人们从设备的侧向发射辅助红外线，使其与设备的反射光叠加以进行修正。另外，使用可见光不能通过而红外线能通过的锗化合物镜片。

热成像应用范围较广，只要是有热量发生的地方（人和动物显然是可以的），不论其大小及复杂程度，大到建筑结构，小到电子设备，都能测量。

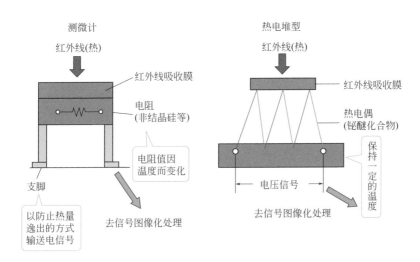

转换热成像的温度为电信号的元件有两种方式。测微计检测出温度引起的电阻的变化；热电堆型是通过集束微小的热电元件来提高电压灵敏度的方法。这种检测元件的输出是图像中一个点的颜色。

热成像实例

5-20 电力冷却的热电元件是什么?

有没有人发现近年来医院和旅馆中放置的冰箱的噪声降低了,其静音效果明显提高?也许有些人还在使用简便的储藏柜储藏葡萄酒。还有,比保冷剂冷却时间更长的保温箱、能吹出微粒子的吹风机、具有冷却功能的电动脱毛器(剃须刀)等有创意的商品陆续被开发出来。这些商品都利用了与通有电流的**固态元件**接触时可瞬间冷却的技术。有时,这个技术也被用于空调制冷中。

这个技术称为**热电制冷**,为了使周边环境更加舒适,人们在更广泛的领域中对热电制冷的应用进行研究。

热电制冷的特征是配置简单,因为它是用电极连接输送电流的带负电的n型半导体和搬运正电荷的p型半导体的两种元件(**热电元件**)组成的。

使用时,将固定这个热电元件组的平板(称为**热电模块**)贴在想冷却的面上,相反的一面安装散热面。其工作原理:在回路中通以电流,装置从想冷却的一面摄取热量,通过元件中的电子输送,再从散热面向外释放。

而平板尺寸(如采用多少厚度,边长是数毫米还是5cm),可根据使用要求(如要冷却到什么温度或者处理多少热量)自行确定。

实际上,热电制冷最擅长的是稍微降低室温附近的温度,并使其保持精确恒定。它也可以冷却到-20℃。重叠多层使用可以进一步降低温度。有实验证实,重叠2层(制冷量为4W)可以降温到-65℃,而重叠8层(制冷量只有10mW)可降温到-128℃。如果反转电流,这个装置也可以用来制热。

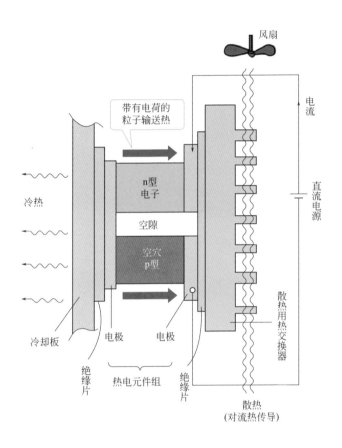

风扇

带有电荷的
粒子输送热

电流

n型
电子

直流电源

空隙

空穴
p型

冷热

散热用热交换器

冷却板

电极　　电极

绝缘片

热电元件组

绝缘片

散热
(对流热传导)

　　为了用电来进行冷却，装置的构成是在冷却板和散热用热交换器中间夹着热电元件组。如果在热电元件组中通入电流的话，装置即可从冷却板侧摄取热量，电子（带有负电的电荷）或空穴（带有正电的电荷）将热量输送到散热侧，再由散热用热交换器向大气或水释放热量。就是说，热电元件组起着像吸热的泵那样的作用。

5-21　用热能制造氢气吗？

氢气（H_2）燃烧产生热，变成水（H_2O）。化石燃料燃烧一定会产生二氧化碳，因此氢气作为环境友好的能源受到人们关注。但是，氢气在自然界中不能稳定存在，需要用什么方法制造？电力也是一样的，这样的物质称为二次能源。

众所周知，电解水能够产生氧气和氢气。但是，电解水制造氢气，花费成本过高。为此，很久以前人们就开始研究使用太阳能从水中高效率地制造氢气的方法。

单纯地提高水的温度，能够分解氢气和氧气，但需要4765K的高温。将水提高到这样高的温度是相当困难的，为此人们尝试使用2000K和700K的两段加热法从水中提取氢气的方法。利用的物质是氧化铁，氧化铁有各种各样的性质，人们巧妙地利用铁的性质就能制造氢气。

加热铁的氧化物（黑锈）到2000K，可获得一个氧分子，成为另一种铁的氧化物。然后，降低温度到700K，一旦加入水，就产生氢气，氧化铁恢复到原来的黑锈状态。反复进行这一过程，用热分解水就能产生氢气。热源使用太阳能的情况下，据说转换效率能够达到25%。

使用氢气发电的燃料电池能在不给环境增加负荷的情况下利用电力或热能，作为构建可持续发展的社会能源之一，氢气今后会越来越受到关注！

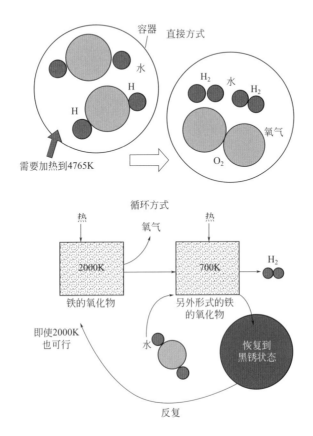

只用热来分解水而获得氢气的方法需要到4765K（约4500℃）的温度，但如果使用2000K和700K的两段加热法，利用铁的氧化物的反应循环，同样能从水中获得氢气，恢复原状的黑锈状态，我们尝试使用太阳光作为反应的热源进行了实验。

5-22 如何蓄积高温的热呢？

在想使用热的时间和热产生的时间不一致的情况下，如果能将热存储起来，那就方便了。例如，太阳能热水器，夜晚在浴室里使用的是中午太阳能加热的热水。通常在防止热量散失的绝热容器内蓄存热水，在必要的时候使用。这称为**热水显热蓄热**。

水是热容量大、容易获得、安全、廉价的，在40～60℃范围内成为最适宜的介质。进而，高温蓄热也能扩展到烹饪等用途。这种方法之一是**化学蓄热**。这是利用化学反应产生的反应热。衡量蓄热材料性能准则之一的是单位重量能被储存的热量，即蓄热密度，单位是kJ/kg。用60℃的热水蓄热的话，蓄热密度是250kJ/kg。

将**氧化钙**（生石灰）作为化学蓄热材料使用的话，能获得水8～10倍的蓄热密度，约为2000kJ/kg。蓄存450℃的热，其使用温度可以达到200℃。这时，需要关注使用蓄存热量的散热过程和再次利用蓄热材料蓄热的**蓄热过程**。在蓄热过程中，用450℃的热能进行处理，分离出氧化钙和水，返回散热过程。

除此以外，人们正在研究使用一种甜味剂——**赤藓糖醇**在119℃蓄热温度下使用的方法。在这种情况下，为了完成循环需要在160℃进行加热。这种材料的蓄热密度是340kJ/kg。

将来作为有效利用汽车排气的方法之一，可以考虑导入蓄热系统，这有可能应用在汽车搭载的蓄电池的温度管理、发动机启动时的预热操作时间的缩短、迅速加热等上。

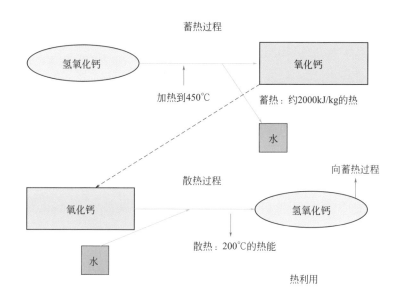

在蓄热过程中，加热到450℃可使氢氧化钙转化为氧化钙，每1kg的氧化钙能蓄存接近2000kJ的热能。在散热过程中，向氧化钙注入水蒸气，生成氢氧化钙，即可利用这时能得到的约200℃温度的热能。

5-23 热量能运输的话，使用就更方便了

现实中，经常会出现产生热的场所与想使用热的场所不同的情况。城市的垃圾焚烧场是比较靠近城镇的地方，因此可将焚烧热的一部分作为温水泳池的热源来利用。但是，如果焚烧场距离城镇中心部位相当遥远的话，就降低了热能的利用率。如果能够将包含工厂的余热在内的各种场合产生的多余的热能简单地输送到想使用热的场所，即使没有创造新的能源，人们的生活舒适性也会得到提高。

现在，人们构想的原封不动搬运热能的方法有三种：①输送60～90℃的高温热水；②输送100～150℃的水蒸气；③输送用化学蓄热材料蓄热的容器。

方法①和方法②都需要在室外铺设持久耐用的输送管道，并且使用绝热材料覆盖管道。一旦铺设了输送管道线，虽然几乎不花费运行的成本，但需要进行泄漏等的检验，适合于大规模利用的场合。但是，这种方法的使用场所固定，据说输送距离也限制在数百米到数千米左右的范围内。

方法③的容器蓄热输送方式需要采用专门的卡车运送容器，输送距离可以达到数十千米，相当灵活方便。适用的场所虽然在一定程度上也是固定的，但设备的增加或减少具有灵活性。在不具有规模效益时，总有适合使用目的或热源的最佳的容器尺寸。

考虑到每单位质量的热输送量，如果将高温水的热输送量设为1，则水蒸气输送为50、容器输送为10。水蒸气输送的是潜热，有热量损失大的缺点。考虑从热源到使用者的综合效率，也将高温水的输送效率设为1的

话，水蒸气输送的效率为1.6、容器输送的效率为2.5。因此，综合热能有效利用、使用的灵活性以及能够运输的距离来看，容器输送是很有前景的。

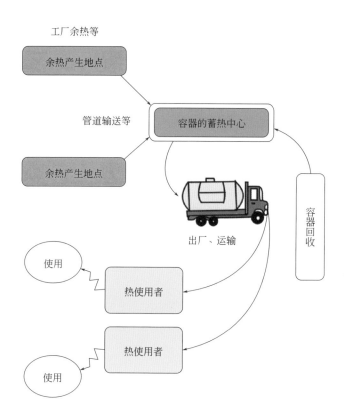

如果考虑热的有效利用，就必须考虑将来的运输。物流由铁路变为卡车运输，但火车也不会消失。似乎热的容器运输时代到来的可能性是充分的。在蓄热中心集中蓄积热的方法有管道输送方式和容器输送方式。

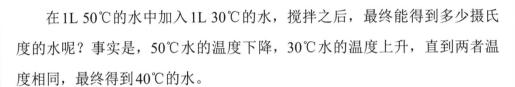

在1L 50℃的水中加入1L 30℃的水，搅拌之后，最终能得到多少摄氏度的水呢？事实是，50℃水的温度下降，30℃水的温度上升，直到两者温度相同，最终得到40℃的水。

那么，如果在1L（1kg）50℃的水中，加入一块30℃的铁块（1kg），水会变成多少摄氏度呢？考虑方法同上面的一致，不同的是水变成了铁。答案是最终水的温度变成为48.1℃（当然铁也是48.1℃）。有人这样想："啊！温度不会下降那么多吗？"这一差异是因为水换成铁。因物质差异而暖和程度不同，也就是说不同物质其内部储存的热量是不同的。衡量这种物质内部所含热量的物理量称为热容量。单位质量的热容量称为比热容，热容量是比热容乘以质量的积。

比较水和铁的比热容，铁的比热容是水的比热容的十分之一左右。换句话说，为了保持相同的温度，铁只要有水的热量的十分之一就行。严格来说，常温下水的比热容是4.17kJ/（kg·K），铁的比热容是0.422kJ/（kg·K）。在这个例子中，因为质量相同，所以热容量的比值与比热容的比值相等（这种情况1/9.45）。如果质量不同，对温度的影响效果会与质量成正比变化。

第 6 章
宇宙与热量

　　最后，我们将追溯到热能的起源，解答在宇宙中广泛存在的热环境相关的简单问题。

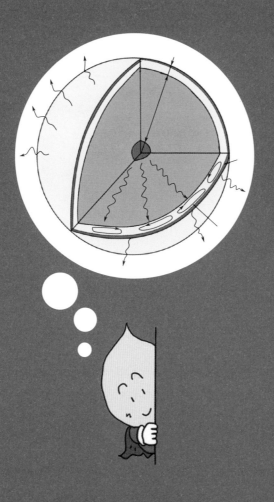

6-01 宇宙热量的起源是什么?

关于宇宙的起源有各种各样的学说,其中之一就是从"无"开始的学说。基于这个学说,热量的起源与宇宙的开始同时产生。这时的"无"并不是指什么都没有的状态,而是指正电和负电形成的零的状态,也可以表现为"巨大的高温物体在产生的瞬间就消失的状态"。据说,在这种状态下,在摇摆的瞬间产生了宇宙,又诞生了时间和空间。

于是,在短暂的时间内产生了重力,开始了宇宙的**膨胀**(超急速剧烈地膨胀)。最开始只是直径 10^{-33}cm 的能量块,在膨胀的作用下变为了足球般大小。从体积膨胀的比例来说,实际上膨胀了 10^{102} 倍,在高温下它更加急速剧烈地膨胀。这就是**大爆炸**。

虽然温度在大爆炸时可达到 10^{27}K,但3min后温度就下降到 10^7K。此时,阳子(质子)和电子、中子、光子等都处于零散的**等离子**状态,但随着宇宙膨胀的同时温度下降,逐渐形成了稳定的氢原子(质子和电子一对一地结合)。从大爆炸开始历经了38万年后,因为宇宙电气特性呈现中性化,光能够直线传播。在这之后,宇宙继续进行膨胀,10亿年后温度为73K,约138亿年后的今天,根据美国的宇宙背景辐射探测卫星(COBE,1989年)的观测结果可知,**宇宙的背景温度为2.725K**。

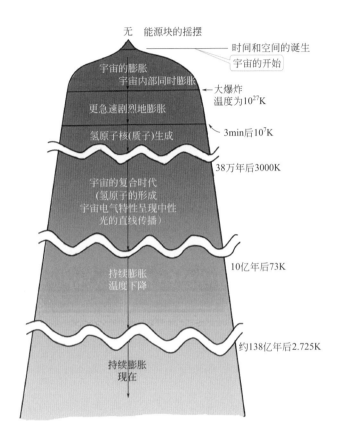

正电和负电以相同的大小形成零的状态。据说，这一状态下，摇摆的瞬间就产生了时间和空间，诞生了宇宙世界。虽然是超越想象的 10^{27} K 的温度，但随着宇宙空间的膨胀急速降温，在这个过程中形成了所有物质源头的氢气。

6-02　宇宙空间的温度是多少?

宇宙空间的温度用绝对温度表示则是2.725K（-270.425℃）。因为绝对温度0K是没有任何能量的状态，那么约3K的温度可以说是极其接近于能量为零的状态。

空气中热量表现为两个方面，一是氧和氮等的分子和原子的集合体在各自不规则运动或振动具有的平均能量，二是这一分子的集合体所释放的热辐射（电磁波）。

但是在宇宙空间中，计算后可知1m³中平均只有一个氢原子核（质子），所以从分子和原子的集合体求解运动的平均能量进而确定温度是非常困难的。另一方面，太阳辐射的能量，被我们以热量的形式接收。从这一点上来类推，只要能获得热辐射产生的电磁波，就能够推断出温度。

在尽最大可能去除宇宙中使用的通信天线接收到的噪声（噪声电波）的研究中，人们发现存在无论如何都无法去除的噪声信号，这就是电磁波。之后，人们又了解到这一噪声信号在整个宇宙空间中广泛存在，于是这一电磁波所对应的温度定义为2.725K。

顺便一提的是这个温度，作为在宇宙中释放热量的低温热源的温度，被用于人造卫星和宇宙空间站等在宇宙空间活跃的机器的散热部位的设计中。

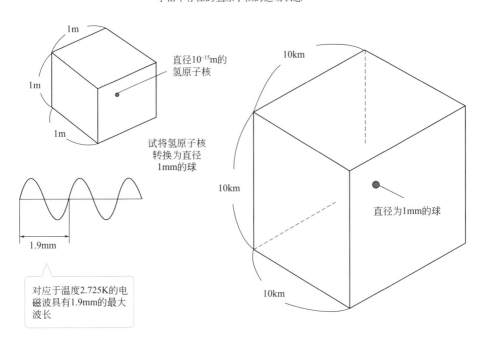

宇宙中存在的氢原子核的运动状态

1m

直径10⁻¹⁵m的
氢原子核

1m

1m

试将氢原子核
转换为直径
1mm的球

1.9mm

对应于温度2.725K的电
磁波具有1.9mm的最大
波长

10km

10km

10km

直径为1mm的球

若用宇宙空间的温度来考虑氢原子核的运动时，在边长为1m的立方体中只有1个氢原子核的宇宙空间，其密度相当于在边长为10km的立方体中有一个直径为1mm的球。假设这个氢原子核的温度约为3K，就可知它就是以170m/s的平均速度在运动。

太阳所具有的巨大质量产生了强大的重力势能，**中心核**（半径为10^5km）处的密度是铁的20倍，在**热核聚变反应**中产生1.5×10^7K的超高温。

太阳的热量是由氢元素产生的，而太阳质量中氢元素只占73.5%左右。在中心核处，具有正电荷的质子（氢原子核）相互间在超高温和超高压的作用下激烈碰撞，6个氢原子核相互作用的结果是由4个氢原子核合成1个氦原子，并在这种热核聚变反应中产生了能量。质量为1g的核能量相当于2250kL石油的热能。太阳中每秒有4.4×10^6t的氢原子核进行着热核聚变反应，同时每秒以电磁波的形式向宇宙中辐射3.85×10^{26}J的能量，发出耀眼的光辉。地球作为太阳系中的一颗行星，不断从太阳处接收其二十二亿分之一的辐射能量，孕育着生命。

中心核区所产生的热量在热辐射的作用下传递到中心核区外层的厚度为5×10^5km的**辐射层**，再被输送到辐射层外侧的厚度大约为10^5km的**对流层**。在对流层，来自中心核区的高热量通过自然对流形式来进行热传递，我们可以想象得到巨大数量的旋涡在剧烈运动的场面。进一步，这些热量在**热传导**的作用下传递到太阳表面形成称为光球的不透明的气体薄层（厚度300～500km），并从6000～8000K的热量块中发射出电磁波向宇宙空间辐射出去。

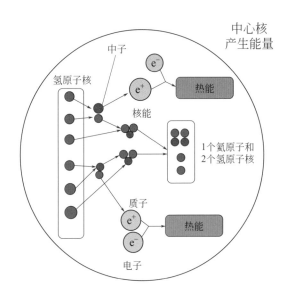

6个氢原子核在热核聚变反应中释放出质子（带有正电荷的电子）和中子，最终生成氢原子和2个氢原子核。质子立即与带有负电荷的电子相结合，巨大的核能以热能的形式释放。这就是太阳能的起源。

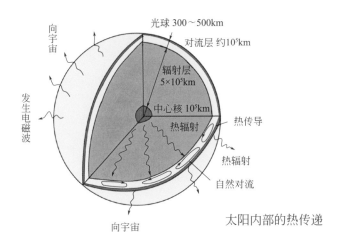

太阳内部的热传递

太阳中心核区产生的热量，通过辐射层、对流层以热辐射、自然对流以及热传导的方式传递到太阳表面，并从太阳最上层的光球向宇宙进行热辐射。

　　与地球关系密切的卫星——月亮的表面温度：被太阳照射的一侧最高温度为110℃（383K），相反侧的温度为-170℃（103K）。另外，宇宙空间站的温度：被太阳照射的一侧为120℃（393K），背阴处为-150℃（123K）。在宇宙空间站外活动时所穿的太空服，是按照高温侧可承受150℃，低温侧可承受-150℃的温度来设计的。这个温度是根据宇宙空间站的温度等数值和经验确定的。

　　位于太阳系中的物体（天体等）可接收到的热量只有来自于太阳的电磁波能量。因而，接收能量的强弱与和太阳的距离有关。如果与太阳的距离变成2倍的话，那么接收的能量就只有原来的1/4。在天文学上把太阳和地球之间的距离（约1.5×10^8km）定义为**1AU**（天文单位），在这个距离下的地球接收到的能量大约是1.37kW/m²。因为火星到太阳的距离是1.52AU，所以火星所接收的能量是地球的1/2.31，也就是地球的0.433倍，即大约为0.59kW/m²。

　　物体能吸收（或反射）多少能量取决于它表面的状态。因为物体是根据所吸收能量的反应来进行热辐射，在能量平衡之后才能确定物体的温度。在地球上有着大气层，而地表的70%又被海水覆盖，由地球释放的热辐射的一部分被二氧化碳等吸收，因为产生了相应的温室效应，因此，可计算出地球的平均温度是17℃。火星的温度则被推测为平均-54℃。虽然人造卫星等也是基于这个原理来确定温度，但因其形状和使用材料复杂，实际上会因对象的不同而有所差别。另外，如果温度显著增加会损伤内部设备等，因此，通常采取了隔热措施或散热措施。

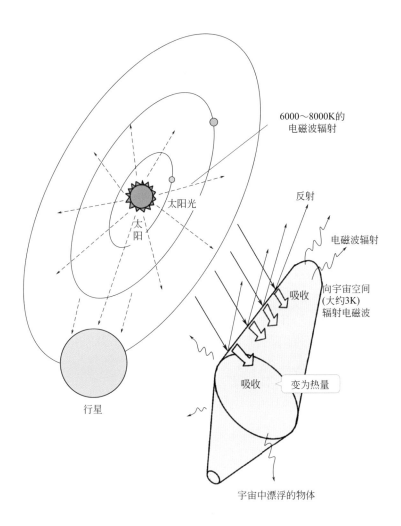

位于太阳系中的物体遇到来自太阳的能量时，虽然一部分被反射，但其余的则被吸收转化为热量。具有了热量的物体根据本身的温度反应向宇宙空间（大约3K）辐射出电磁波。这些能量间的平衡决定于宇宙中物体的表面温度。

6-05　在宇宙中怎样获得电源？

在太阳系中，在比较接近太阳的地方，大多数的人造卫星和宇宙空间站等的主要电源都是**太阳能电池**。在太阳光弱或距离远的地方，目前阶段是使用了**热电发电机**（放射性同位素电池），它是利用原子核的衰变产生的热量，即重原子（放射性同位素）的**衰变热**来发电。

随着太阳能量的扩散，因为太阳能与距离的平方成反比，距离太阳越远，为了获得电力的太阳能电池的受光面积也就要越大。虽然太阳能电池的效率具有高温下降低、低温下升高的特性，但这种变化的大小会因太阳能电池的类型不同而有差异，所以在这里不考虑。

若以地球与太阳的距离为基准（每 $1m^2$ 接收太阳能量1.37kW）的话，那么为了获得相等的能量，火星附近的太阳能电池的受光面积必须是地球附近的2.25倍，木星附近则必须是地球附近的25倍左右。但是，在人造卫星的发射对总质量有着很大的限制，理所当然，分配到发电设备的质量也是有限的，于是，大多数情况下人们使用只要有太阳光就可以利用半导体元件从光中取电的折叠式太阳能电池。

另外，还有利用了原子核衰变热的称为**核电池**的热电发电机，它被用于1972年的先驱者10号以及1977年的旅行者1号等行星探测器中。除此之外，还被用于阿波罗计划的载人登月任务。核电池的热源使用了钚238（Pu：原子序数94，半衰期87.7年）。这个同位素是由利用核裂变反应热的核能发电的副产物加工而成的。钚238衰变后变为稳定的铀234，在这一过程中1kg的钚238能不断地产生567W的能量。热能储存在反应过程中产生的氦中，在1275K以上的温度下，通过传热板传递到热电元件，利用和宇宙空间的温度差（元件温度是高温侧1275K、低温侧575K），通过热电转换元件取出电。

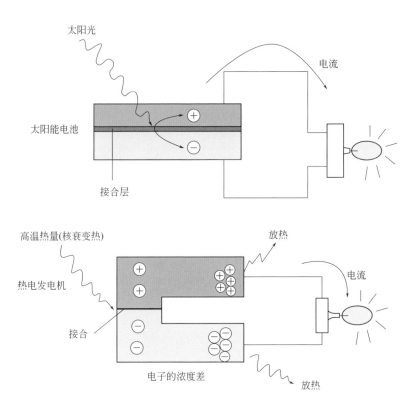

宇宙中的电源使用了太阳能电池或热电发电机。因为两者都使用了固体元件，其结构是非常可靠的。太阳能电池是由不同性质的半导体（p型和n型）接合而成，当光线照射到这个接合界面时，电子被释放出而发电。热电发电机是由不同性质的两种半导体（p型和n型）接合而成，当加热这个接合界面并冷却其他地方时，与温度成比例的电子运动的差异引发了电子浓度差，这个电子浓度差的均一化过程而产生了电流。

参 考 文 献

[1]　ヤ・エム・グリフェル著. 豊田博慈/訳熱とはなにか. 東京図書, 1966.

[2]　林健太郎著. エネルギー」. 東大出版会, 1974.

[3]　島津康男著. 地球の物理. 裳華房, 1971.

[4]　太陽エネルギー利用ハンドブック編集委員会/編太陽エネルギー利用ハンドブック. 日本太陽エネルギー学会, 1985.

[5]　佐藤秀美著. おいしさをつくる「熱」の科学. 柴田書店, 2011.

[6]　鈴木徹著. 冷凍博士の「冷凍・解凍」便利帳. PHP研究所, 2011.

[7]　佐藤銀平、藤嶋昭著. 井上晴夫/監修家電製品がわかる I 「同 II」. 東京書籍, 2008.

[8]　向坊隆、青木昌治、関根泰次著. エネルギー論」. 岩波書店, 1976.

[9]　電気学会/編電気工学ハンドブック. オーム社, 2001.

[10]　梶川武信/監修熱電変換ハンドブック. エス・ティー・エス, 2008.

[11]　梶川武信、佐野精二郎、守本純/編新版　熱電変換システム技術総覧. サイペック, 2004.

[12]　梶川武信著. エネルギー工学入門. 裳華房, 2006.

[13]　本間琢也、牛山泉、梶川武信著. 「再生可能エネルギー」のキホン. SBクリェイティブ, 2012.